A类石油石化设备材料监造大纲

（材料分册）

中国石油化工集团有限公司物资装备部　编

内容提要

《A 类石油石化设备材料监造大纲》是中国石油化工集团有限公司物资装备部总结以往监造管理工作经验，结合设备材料监造管理制度及相关标准的要求，形成的一套工具书。分为《材料》《阀门管件》《石化专用设备》《石化转动设备与电气设备》《石油专用设备》五个分册，是 A 类石油石化设备材料监造管理工作制订的技术规范。明确实施监造设备材料的关键部件、关键生产工序，以及质量控制内容，规范中国石化设备材料监造工作流程和质量控制点，是委托第三方监造单位开展 A 类石油石化设备材料监造管理工作的指导用书。

《A 类石油石化设备材料监造大纲》适合从事石油石化设备材料采购、物资供应质量管理、生产建设项目管理、设备技术管理、工程设计等相关人员阅读参考。

图书在版编目（CIP）数据

A 类石油石化设备材料监造大纲 . 1，材料分册 / 中国石油化工集团有限公司物资装备部编 . —北京：中国石化出版社，2020.5

ISBN 978-7-5114-5747-9

Ⅰ . ① A… Ⅱ . ①中… Ⅲ . ①石油化工设备—制造—监管制度②石油化工—化工材料—制造—监管制度 Ⅳ . ① TE65

中国版本图书馆 CIP 数据核字（2020）第 065463 号

中国石化出版社出版发行

地址：北京市东城区安定门外大街58号
邮编：100011　电话：（010）57512500
发行部电话：（010）57512575
http：//www. sinopec-press. com
E-mail：press@ sinopec. com
北京科信印刷有限公司印刷
全国各地新华书店经销
*
710 × 1000 毫米 16 开本 80.5 印张 1232 千字
2020 年 6 月第 1 版　2020 年 6 月第 1 次印刷
定价：320.00 元（全五册）

编委会

主　任： 茹　军　王　玲

副主任： 戚志强

委　员： 张兆文　徐　野　刘华洁　高文辉　方　华　李晓华
沈中祥　苗　濛　范晓骏　孙树福　周丙涛　余良俭

编写组

主　　编： 张兆文

副 主 编： 孙树福　余良俭　张　铦

编写人员： 娄方毅　田洪辉　傅　军　刘　旸　王洪璞　王瑞强
陈生新　陶　晶　刘长卿　程　勇　赵保兴　曲吉堂
张冰峻　王秀华　王　磊　唐晓渭　王志敏　夏筱斐
王宇韬　郭　峰　吴　宇　杨　景　陈明健　解朝晖
章　敏　胡积胜　张海波　葛新生　周钦凯　王　勤
田　阳　郑明宇　邵树伟　华　伟　时晓峰　方寿奇
贺立新　魏　嵬　赵　峰　张　平　李　楠　刘　鑫
李科锋　孙亮亮　付　林　郑庆伦　华锁宝　李星华
赵清万　李　辉　易　锋　陈　琳　杨运李　王常青
康建强　吴晓俣　吴　挺　刘海洋　陆　帅　李文健
田海涛　陈允轩　吴茂成　蔡志伟　李　波　孙宏艳
肖殿兴　朱全功　赵付军　姚金昌　鄢邦兵

审核人员

秦士珍　李广月　尉忠友　龚　宏　赵　巍　谭　宁

王立坤　方紫咪　曲立峰　崔建群　毛之鉴　黄　强

沈　珉　邓卫平　李胜利　柯松林　刘智勇　黄　志

黄水龙　刘建忠　徐艳迪

序言

PREFACE

为落实质量强国战略，中国石化坚持“质量永远领先一步”的质量方针，高度重视物资供应质量风险控制，致力打造基业长青的世界一流能源化工公司。设备材料制造质量直接影响石油石化生产建设项目质量进度和生产装置安稳长满优运行，是本质安全的基础。对设备材料制造过程实施监造，开展产品质量过程监控，是中国石化始终坚持的物资质量管控措施。

对于生产建设所需物资，按照其重要程度，实行质量分类管理。对用于生产工艺主流程，出现质量问题对安全生产、产品质量有重大影响的物资确定为A类物资，对A类物资实施第三方驻厂监造。多年来中国石化积累了丰富的监造管理经验，为沉淀和固化行之有效的经验和做法，物资装备部2010年组织编写并出版发行了《重要石化设备监造大纲》(上册)，包括加氢反应器、螺纹锁紧环换热器、压缩机组、炉管等共19大类设备；2013年组织编写并出版发行了《重要石化设备监造大纲》(下册)，包括烟气轮机、聚酯反应器、冷箱、空冷器、阀门、管件等共17大类设备材料。

为持续提高物资供应质量风险防控能力和质量管理水平，2017年6月启动了A类设备材料监造大纲制（修）订工作。历时两年半，于2019年12月完成了《A类石油石化设备材料监造大纲》制（修）订工作，将85个A类石油石化设备材料监造大纲汇编为材料、阀门管件、石化专用设备、石化转动设备与电气设备、石油专用设备等5个分册。本次监造大纲制（修）订充分吸收了监造单位、设计单位、制造厂和使用单位的意见，并将中国石化设备材料监造管理制度及相关采购技术标准的要求纳入监造大纲内容，明确了原材料、重要部件、关键生产工序等质量控制范围，规范了监造工作流程、质量控制点和控制内容，是开展A类石油石化设备材料监造工作的指导性文件。

对参与编写工作的上海众深科技股份有限公司、南京三方化工设备监理有限公司、合肥通安工程机械设备监理有限公司和陕西威能检验咨询有限公司；参与审核工作的中国石油化工股份有限公司胜利油田分公司、齐鲁分公司、长岭分公司、安庆分公司、天然气分公司，中国石化集团扬子石油化工有限公司，中石化工程建设有限公司、洛阳工程有限公司、宁波工程有限公司、石油工程设计有限公司，中国石化集团南京化学工业有限公司化工机械厂，中石化四机石油机械有限公司、石油工程机械有限公司沙市钢管厂，江苏中圣机械制造有限公司、燕华工程建设有限公司、沈阳鼓风机集团股份有限公司、大连橡胶塑料机械有限公司、天津钢管集团股份有限公司、南京钢铁集团有限公司、中核苏阀科技实业股份有限公司、成都成高阀门有限公司、合肥实华管件有限责任公司、浙江飞挺特材科技股份有限公司、宝鸡石油机械有限责任公司、上海神开石油设备有限责任公司、胜利油田孚瑞特石油装备有限责任公司、江苏金石机械集团有限公司等，在此表示感谢。

A类石油石化设备材料监造大纲，虽经多次研讨修改，由于水平有限，仍难免存在缺陷和不足之处，结合实际使用情况和技术进步需要不断完善，欢迎广大阅读使用者批评指正。

编委会
2019年12月16日

目录

CONTENTS

低温用06Ni9DR
钢板监造大纲

目 录

前　言

《低温用06Ni9DR钢板监造大纲》是参照GB/T 1.1—2009《标准化工作导则　第1部分：标准的结构和编写》给出的规则起草。

本大纲由中国石油化工集团有限公司物资装备部提出。

本大纲为首次发布。

本大纲起草单位：合肥通安工程机械设备监理有限公司。

本大纲起草人：杨景、陈明健、解朝晖、章敏。

低温用06Ni9DR钢板监造大纲

1 总则

1.1 内容和适用范围。

1.1.1 本大纲主要规定了采购单位（或使用单位）对低温用06Ni9DR钢板制造过程监造的基本内容及要求，是委托驻厂监造的主要依据。

1.1.2 本大纲适用于石油化工工业使用的低温用06Ni9DR钢板制造过程监造，同类材料可参照使用。

1.1.3 本大纲中具体技术要求如与采购技术文件不一致时，原则上应以采购技术文件为准。

1.2 监造工作的基本要求。

1.2.1 监造人员要求。

1.2.1.1 监造人员应与所在监造单位有正式劳动合同关系。

1.2.1.2 监造人员应严格依据监造委托合同，履行监造职责，完成监造任务。

1.2.1.3 监造人员应持有不低于中国设备监理协会颁发的专业设备监理师资格证书，监造人员有二年（或以上）的监造业务经验，在相应专业岗位工作三年以上。

1.2.1.4 监造人员应熟悉监造物资的制造工艺，掌握制造过程中的质量技术要求和检验试验关键控制点。

1.2.1.5 监造人员在监造活动过程中应遵守有关保密约定和规定。

1.2.1.6 监造人员应遵守制造厂HSSE或安全生产管理制度的相关规定，严格执行劳保着装和安全防护要求。

1.2.2 监造工作程序。

1.2.2.1 监造人员在开始监造的10个工作日内，对制造厂的人员资质、生

产工艺、装备能力和质保体系运行情况进行检查和评估，并向委托方提供质量风险评估报告，明确风险等级（高、中、低、无）。

1.2.2.2　监造单位在收到采购技术文件后，10个工作日内编制完成《监造大纲》。

1.2.2.3　监造单位在获得设计相关图纸、制造工艺、质量控制计划、生产进度计划后，15日内编制完成《监造实施细则》。

1.2.2.4　监造人员应配备必要的用于平行检查且检定合格的检测器具。

1.2.2.5　监造人员应按委托方的通知或有关要求参加或组织召开预检验会议，与制造厂对接确定检验试验计划和质量控制点，并经委托方确认。

1.2.2.6　监造人员应组织制造厂质量、技术、生产及经营（项目管理）等相关部门召开监理周例会，通报监造工作情况，协调解决质量进度问题，结合生产进度计划安排后续监造工作，并形成会议纪要。

1.2.2.7　监造人员在监造实施过程中，如发现质量隐患、质量问题以及可能影响交货期的重大因素时，应及时报委托方，并以书面形式通知制造厂，要求制造厂采取有效措施予以整改，若制造厂延误或拒绝整改时，可责令其停工。

1.2.2.8　对于原材料以及外协加工、外协检测和外协检验试验等过程，监造人员应重点审查质量证明文件、外协单位资质、人员资质、工艺文件和检验试验报告等。并依据监造实施细则和检验试验计划中设置的监造访问点，实施质量控制。

1.2.2.9　实施监造的物资经现场监造人员确认符合标准规范和订单约定后按照发货批次开具监造放行单，并报委托方。

1.2.2.10　全部监造工作完成后，应于30日内完成监造总结报告交付委托方。

1.3　监造单位应提交的文件资料。

1.3.1　目录（含页码）（必须）。

1.3.2　产品质量监造报告书（必须）。

1.3.3　监造工作总结（必须）。

1.3.4　监造大纲（必须）。

1.3.5　监造实施细则（必须）。

1.3.6 监造周报（必须）。

1.3.7 设计变更通知及往来函件（如有）。

1.3.8 监造工作联系单（如有）。

1.3.9 监造工程师通知单（如有）。

1.3.10 会议纪要（如有）。

1.3.11 监造放行单（必须）。

1.4 主要编制依据。

1.4.1 TSG 21 固定式压力容器安全技术监察规程。

1.4.2 TSG Z8001 特种设备无损检测人员考核规则。

1.4.3 GB/T 150.1～150.4 压力容器。

1.4.4 GB/T 709 热轧钢板和钢带的尺寸、外形、重量及允许偏差。

1.4.5 GB/T 3531 低温压力容器用低合金钢板。

1.4.6 GB/T 8923.1 涂覆涂料前钢材表面处理 表面清洁度的目视评定 第1部分。

1.4.7 GB/T 17505 钢及钢产品交货一般技术要求。

1.4.8 GB/T 26429 设备工程监理规范。

1.4.9 Q/SHCG 18009—2016 液化天然气接收站16万m^3储罐用06Ni9DR采购技术规范。

1.4.10 采购技术文件。

2 质量管理体系审查

2.1 查验钢厂ISO 9000质量管理体系认证证书、钢板评审结论。

2.2 审阅钢厂质量手册、质量体系程序文件和第三层次文件。

2.3 审阅钢厂钢板生产相应的企业工艺技术标准等。

3 钢板生产工艺组织设计

3.1 审查钢厂钢板生产工艺技术方案、质量保证措施、进度计划等。

3.2 审查钢厂质量管理和检验、检测、试验人员的资质。

3.3 检查钢厂用于钢板生产、检验、检测、试验的设备器具清单及其检定周期。

3.4 使用境外牌号的材料，应审查材料与TSG 21—2016《固定式压力容器安全技术监察规程》和产品标准的符合性。

3.5 TSG 21—2016《固定式压力容器安全技术监察规程》要求技术评审的新材料，应审查材料的技术评审和相应批准手续。

4 钢的冶炼

4.1 审查钢水冶炼工艺方案，确保采用电炉冶炼或氧气转炉冶炼，并采用炉外精炼加真空脱气工艺生产。

4.2 审查钢板应为镇静钢，并应做细化晶粒处理，采用连铸工艺。

4.3 检查钢板生产工艺不应有较大变化。供货的所有钢板其主要元素（C、Ni、P、S）的成分范围应尽可能小，以保证钢板性能的稳定和一致性。

4.4 审查钢板的化学成分熔炼分析和产品分析应符合采购技术文件的规定。

4.5 审查钢板成品分析报告。

4.6 审查钢板Cr+Cu+Mo≤0.5%，且不得有意加入。审查钢板成品分析中P、S含量不允许有上偏差，且P≤0.005（%）为目标值。N≤60μg/g，O≤20μg/g，H≤2μg/g。

5 轧制

5.1 轧制前对板坯进行认真检查和清理。

5.2 检查板坯加热按制造厂工艺文件执行。

5.3 检查钢板轧制按制造厂工艺文件执行。

5.4 按采购技术文件检查钢板厚度公差控制。

6 无损检验

6.1 检查无损检验作业人员应持有相应类（级）别的有效资格证书。

6.2 检查所有钢板应逐张按照NB/T 47013.3进行100%超声检测，其合格级别为I级。钢板周边100mm范围内进行全面积100%检测，且应满足单个缺陷指示长度小于50mm，单个缺陷指示面积小于15mm^2。

7 热处理

7.1 检查钢板的交货状态应为淬火+回火（QT），回火温度应限制在540～600℃，允许在淬火和回火工序之间增加一道临界淬火，即QLT或QQT工艺。

7.2 审查钢板热处理工艺，除采购技术文件规定外，不允许采用两次正火+回火（NNT）工艺。

7.3 必要时按照热处理工艺审查供货钢厂提交的每批钢板的热处理工艺参数。

7.4 热处理前对钢板进行表面检查，表面应清除干净。

7.5 检查热处理温度及时间等符合采购技术文件的规定，逐张记录钢板热处理保温温度、保温时间及升降温速度。

7.6 热处理前检查热电偶布置位置、数量等应按制造厂工艺文件的规定。

8 性能检验

8.1 常温拉伸性能。

8.1.1 检查每张钢板分别在头尾横向取样（采用全厚度取样），取样位置在钢板宽度的1/4处，审查钢板的常温拉伸性能试验结果。

8.1.2 若屈服不明显，可用规定塑性延伸率Rp0.2代替。

8.2 低温冲击性能。

8.2.1 检查每张钢板分别在头尾取横向冲击试样，进行-196℃冲击试验，结果应符合采购技术文件的规定。标准试样：10mm×10mm×55mm。

8.2.2 对厚度为6～<8mm和8～<11mm的钢板可分别取5mm×10mm×55mm和7.5mm×10mm×55mm的试样，此时冲击功值分别为不小于规定值的55%和80%。对于厚度小于6mm的钢板，可不进行冲击试验。

8.2.3 钢板的冲击试验结果按一组3个试样的算术平均值进行计算，允许其中有1个试验值低于规定值，但不应低于规定值的75%。

8.2.4　试样从冷箱中取出后应在5s内完成冲击试验，试验时的温度偏差不应大于2℃。

8.2.5　应不定期抽查冲击试样加工后缺口形式及尺寸。

8.3　弯曲性能。

8.3.1　每张钢板在标记端取横向试样，在室温下进行弯曲试验。

8.3.2　当钢板厚度不超过19mm时，弯曲压头直径d=2a，否则d=3a，试样宽度b=2a，但不小于20mm，弯曲角度为180°；钢板厚度超过25mm时，允许钢板减薄至25mm进行试验，未加工表面应置于受拉变形一侧。

8.4　落锤试验（NDT）。

取罐壁最厚钢板，分别在两张不同炉号钢板头或尾取两组试样，按照GB/T 6803的规定在−196℃下进行落锤试验，均未断裂为合格。

8.5　低温拉伸性能。

取罐壁最厚钢板，分别在两张不同的钢板头或尾取2组试样，进行−163℃的拉伸性能（屈服强度、抗拉强度和延伸率）进行记录并提供数据。

8.6　CTOD试验。

取罐壁最厚钢板，分别在两张不同的钢板头或尾取2组试样，进行−163℃（±5℃）的裂纹尖端张开位移（CTOD）试验，试验标准为GB/T 21143，试验结果（δ_m或δ_u）大于等于0.30mm为合格。

8.7　非金属夹杂物。每厚度钢板分别在两张不同钢板头或尾取2组试样，按照GB/T 10561 A法评级图Ⅱ评定粗系非金属夹杂物A类（硫化物类）、B类（氧化物类）、C类（硅酸盐类）、D类（球状氧化物类），均不得大于0.5级，细系A、B、C、D类均不得大于1.0级，Ds类不得大于1.5级。

8.8　硬度试验。钢板应按每厚度一批提供一组HV10硬度值，沿厚度方向横截面上测量5点（厚度大于等于10mm）、和3个点（厚度小于10mm），并绘制硬度曲线。

9 尺寸、外形、重量及允许偏差

9.1 钢板厚度允许偏差、长度允许偏差、宽度允许偏差和不平度允许偏差应符合采购技术文件的规定。

9.2 钢板按理论质量交货，理论计算用钢板质量密度7.89g/cm^3，理论质量计算方法应符合GB/T 709的规定。

9.3 有关钢板尺寸、外形及允许偏差的未规定事项按照GB/T 709的规定。

10 剩磁检查

10.1 钢板出厂前，要求逐张检查钢板的剩磁，剩磁不得大于30Gs；如果任何一点超出30Gs，钢板应进行消磁处理，处理后重新进行检查。

10.2 消磁合格的钢板，不得使用电磁铁吊运。钢板不得在高压电气设备附近以及其它可能影响钢板剩磁水平的环境下存放。

11 表面质量

11.1 钢板表面不应有裂纹、气泡、结疤、夹杂、折叠和压入的氧化铁皮等有害缺陷。钢板不应有分层。

11.2 钢板表面允许存在不妨碍检查表面缺陷的薄层氧化铁皮、铁锈、由于压入氧化铁皮脱落所引起的不显著的粗糙、划痕等局部缺陷，深度不应大于钢板厚度公差之半，并应保证钢板厚度的最小值。

11.3 钢板表面存在有害缺陷时，允许用修磨方法清除。修磨处应平滑过度，并应保证钢板厚度的最小值。

11.4 经买方许可，钢板禁止采用焊接方法进行修补。

11.5 所有钢板应切割定尺后交货。

12 表面处理及防腐

12.1 钢板出厂前，钢板上下表面应彻底除锈，除锈等级应达到GB/T 8923.1中的Sa2.5级，并涂刷买方认可的涂料。

12.2 干膜厚度应满足采购技术文件的规定。

13 钢板标志

13.1 钢板的包装、标志应符合 GB/T 247 和采购技术文件的规定。钢板的标志采用喷涂的方法。

13.2 标志包含内容应满足采购技术文件的规定。

14 包装和运输

14.1 所有钢板应在合适的支架上储存和移动，以免造成钢板损坏或变形。支架由钢板生产厂家提供，做成能保持钢板曲率的结构且能重复使用。如果小块钢板需要装箱包装，包装箱上应有清晰的标志。

14.2 钢板的包装和运输不得使用电磁体，钢板表面应避免沾水及其它影响钢板质量的物体。钢板运输时应远离高压电器设备等可能影响钢板磁性的区域。

15 06Ni9DR 钢板驻厂监造主要质量控制点

15.1 文件见证点（R）：由监造人员对设备材料制造过程有关文件、记录或报告进行见证而预先设定的监造质量控制点。

15.2 现场见证点（W）：由监造人员对设备材料制造过程、工序、节点或结果进行现场见证而预先设定的监造质量控制点，且应包括相关文件见证点（R）质量控制内容。

15.3 停止点（H）：由监造人员见证并签认后才可转入下一个过程、工序或节点而预先设定的监造质量控制点，应包括相关现场见证点（W）和文件见证点（R）质量控制内容。

序号	工序名称	监造内容	文件见证（R）	现场见证（W）	停止点（H）
1	资质	1. 钢厂质量保证体系	R		
		2. 钢厂质量认证书	R		
		3. 钢厂质量手册、质量体系程序文件等	R		
		4. 钢厂钢板生产相应的企业工艺技术标准	R		
		5. 钢厂钢板生产工艺方案及相关资质	R		
		6. 钢厂钢板生产工艺技术方案，质量保证措施，进度计划等	R		
		7. 钢厂质量管理和检测、检验、试验人员的资质	R		
		8. 钢厂用于钢板生产、检测、检验、试验的设备器具清单及检定周期	R		
2	钢的冶炼	1. 采用电炉+炉外精炼或氧气转炉+炉外精炼并经真空处理	R		
		2. 钢板化学成分（熔炼分析）	R		
		3. 钢板化学成分（成品分析）		W	
3	钢板轧制	1. 板坯进行检查和清理		W	
		2. 板坯加热		W	
		3. 钢板轧制		W	
		4. 钢板厚度公差控制		W	
4	钢板热处理	1. 钢板热处理工艺文件	R		
		2. 淬火+回火（QT）热处理		W	
5	钢板检验、验收	1. 钢板取样位置		W	
		2. 钢板的拉伸性能			H
		3. 钢板的低温冲击性能			H
		4. 冷弯试验			H
		5. 落锤试验	R		
		6. 低温拉伸性能	R		
		7. CTOD试验	R		
		8. 非金属夹杂物	R		

（续表）

序号	工序名称	监造内容	文件见证（R）	现场见证（W）	停止点（H）
5	钢板检验、验收	9. 硬度试验	R		
		10. 表面（外观）		W	
		11. 钢板逐张进行超声检测		W	
		12. 剩磁检查		W	
		13. 尺寸、外形、质量及允许偏差		W	
		14. 表面处理及防腐检查		W	
		15. 钢板标志		W	
		16. 质量证明书	R		
		17. 钢板发运		W	

高压临氢钢板监造大纲

目　录

前　言

《高压临氢钢板监造大纲》是参照GB/T 1.1—2009《标准化工作导则　第1部分：标准的结构和编写》给出的规则起草。

本大纲由中国石油化工集团有限公司物资装备部提出。

本大纲为首次发布。

本大纲起草单位：合肥通安工程机械设备监理有限公司。

本大纲起草人：杨景、胡积胜、张海波、葛新生。

高压临氢钢板监造大纲

1 总则

1.1 内容和适用范围。

1.1.1 本大纲主要规定了采购单位（或使用单位）对加氢装置用高压临氢钢板制造过程监造的基本内容及要求，是委托驻厂监造的主要依据。

1.1.2 本大纲适用于石油化工工业使用的加氢反应器用高压临氢钢板制造过程监造，同类材料可参照使用。

1.1.3 本大纲中具体技术要求如与采购技术文件不一致时，原则上应以采购技术文件为准。

1.2 监造工作的基本要求。

1.2.1 监造人员要求。

1.2.1.1 监造人员应与所在监造单位有正式劳动合同关系。

1.2.1.2 监造人员应严格依据监造委托合同，履行监造职责，完成监造任务。

1.2.1.3 监造人员应持有不低于中国设备监理协会颁发的专业设备监理师资格证书，监造人员有二年（或以上）的监造业务经验，在相应专业岗位工作三年以上。

1.2.1.4 监造人员应熟悉监造物资的制造工艺，掌握制造过程中的质量技术要求和检验试验关键控制点。

1.2.1.5 监造人员在监造活动过程中应遵守有关保密约定和规定。

1.2.1.6 监造人员应遵守制造厂 HSSE 或安全生产管理制度的相关规定，严格执行劳保着装和安全防护要求。

1.2.2 监造工作程序。

1.2.2.1　监造人员在开始监造的10个工作日内，对制造厂的人员资质、生产工艺、装备能力和质保体系运行情况进行检查和评估，并向委托方提供质量风险评估报告，明确风险等级（高、中、低、无）。

1.2.2.2　监造单位在收到采购技术文件后，10个工作日内编制完成《监造大纲》。

1.2.2.3　监造单位在获得设计相关图纸、制造工艺、质量控制计划、生产进度计划后，15日内编制完成《监造实施细则》。

1.2.2.4　监造人员应配备必要的用于平行检查且检定合格的检测器具。

1.2.2.5　监造人员应按委托方的通知或有关要求参加或组织召开预检验会议，与制造厂对接确定检验试验计划和质量控制点，并经委托方确认。

1.2.2.6　监造人员应组织制造厂质量、技术、生产及经营（项目管理）等相关部门召开监造周例会，通报监造工作情况，协调解决质量进度问题，结合生产进度计划安排后续监造工作，并形成会议纪要。

1.2.2.7　监造人员在监造实施过程中，如发现质量隐患、质量问题以及可能影响交货期的重大因素时，应及时报委托方，并以书面形式通知制造厂，要求制造厂采取有效措施予以整改，若制造厂延误或拒绝整改时，可责令其停工。

1.2.2.8　对于原材料、外购件以及外协加工、外协检测和外协检验试验等过程，监造人员应重点审查质量证明文件、外协单位资质、人员资质、工艺文件和检验试验报告等。并依据监造实施细则和检验试验计划中设置的监造访问点，实施质量控制。

1.2.2.9　实施监造的物资经现场监造人员确认符合标准规范和订单约定后按照批次开具监造放行单，并报委托方。

1.2.2.10　全部监造工作完成后，应于30日内完成监造总结报告交付委托方。

1.3　监造单位应提交的文件资料。

1.3.1　目录（含页码）（必须）。

1.3.2　产品质量监造报告书（必须）。

1.3.3　监造工作总结（必须）。

1.3.4　监造大纲（必须）。

1.3.5　监造实施细则（必须）。

1.3.6　监造周报（必须）。

1.3.7　设计变更通知及往来函件（如有）。

1.3.8　监造工作联系单（如有）。

1.3.9　监造工程师通知单（如有）。

1.3.10　会议纪要（如有）。

1.3.11　监造放行单（必须）。

1.4　主要编制依据。

1.4.1　TSG 21 固定式压力容器安全技术监察规程。

1.4.2　TSG Z8001 特种设备无损检测人员考核规则。

1.4.3　GB/T 150.1 ~ GB/T 150.4 压力容器。

1.4.4　GB/T 247 钢板和钢带包装、标识及质量证明书的一般规定。

1.4.5　GB/T 709 热轧钢板和钢带的尺寸、外形、重量及允许偏差。

1.4.6　GB/T 713 锅炉和压力容器用钢板。

1.4.7　GB/T 8923.1 涂覆涂料前钢材表面处理　表面清洁度的目视评定第 1 部分。

1.4.8　GB/T 17505 钢及钢产品交货一般技术要求。

1.4.9　GB/T 26429 设备工程监理规范。

1.4.10　API RP-934A 高温高压临氢 2¼Cr-1Mo，2¼Cr-1Mo-¼V，3Cr-1Mo 和 3Cr-1Mo-¼V 钢制厚壁压力容器材料和制造要求。

1.4.11　采购技术文件。

2　质量管理体系审查

2.1　查验钢厂 ISO 9000 质量管理体系认证证书、钢板评审结论。

2.2　审阅钢厂质量手册、质量体系程序文件和第三层次文件。

2.3　审阅钢厂钢板生产相应的企业工艺技术标准等。

3 钢板生产工艺组织设计

3.1 审查钢厂钢板生产工艺技术方案、质量保证措施、进度计划等。

3.2 审查钢厂质量管理和检验、检测、试验人员的资质。

3.3 检查钢厂用于钢板生产、检验、检测、试验的设备器具清单及其检定周期。

3.4 钢板除满足GB/T 713要求外，还应满足有关采购技术文件要求。

3.5 使用境外牌号的材料，应审查材料与TSG 21《固定式压力容器安全技术监察规程》和产品标准的符合性。

3.6 TSG 21《固定式压力容器安全技术监察规程》要求技术评审的新材料，应审查材料的技术评审和相应批准手续。

4 钢的冶炼

4.1 化学成分。

4.1.1 钢的化学成分应符合材料标准的规定，同时应符合采购技术文件的规定。

4.1.2 各牌号钢的回火脆化系数J、X应符合项目采购技术文件的规定。

4.2 制造方法和交货状态。

4.2.1 钢应采用电炉或氧气转炉冶炼和炉外精炼加真空脱气工艺冶炼，应为本质细晶粒镇静钢。

4.2.2 钢板应以正火（允许加速冷却）+回火或淬火+回火状态交货，且应符合采购技术文件的规定。

4.3 力学性能和工艺性能。

4.3.1 钢板试样模拟焊后热处理状态的力学性能及工艺性能应符合钢板标准和采购技术文件的规定。其试样的切取位置、数量和热处理状态应符合采购技术文件的规定。

4.3.2 钢板试样应进行模拟焊后热处理（PWHT），推荐最大模拟焊后热处理（Max.PWHT）制度、最小焊后热处理（Min.PWHT）制度应符合采购技术文件规定。在确定Max.PWHT时，应考虑制造厂和使用现场各返修一次的焊后热处理循环。模拟焊后热处理条件件应符合采购技术文件的规定。

4.3.3 厚度不小于12mm的钢板做冲击试验时，冲击试样尺寸取10mm×10mm×55mm标准试样；当钢板厚度不足以制取标准试样时，应采用10mm×7.5mm×55mm或10mm×5mm×55mm小尺寸试样，优先采用较大尺寸试样。

4.3.4 钢板的冲击试验结果按一组3个试样的算术平均值进行计算，允许其中有1个试样值低于平均值，但不应低于单个值要求。

4.3.5 厚度大于20mm的钢板应进行高温拉伸试验，试验温度和验收值按采购技术文件的规定。

4.4 金相检查。

4.4.1 晶粒度检验应在钢板试样模拟焊后热处理状态进行，晶粒度应符合采购技术文件的规定。

4.4.2 非金属夹杂物检验结果应符合采购技术文件的规定。

4.5 回火脆化倾向评定试验。

4.5.1 12Cr2Mo1R、12Cr2Mo1VR应按照标准和项目设计文件的规定进行回火脆化倾向评定试验。

4.5.2 试样经分步冷却脆化处理后应满足下式要求：

12Cr2Mo1R：$VTr54+2.5\Delta Tr54 \leqslant 10$℃；

12Cr2Mo1VR：$VTr54+3.0\Delta VTr54 \leqslant 0$℃。

式中 VTr54——经Min.PWHT的夏比V形缺口冲击功为54J时相应的转变温度（试验温度）；

ΔTr54——经Min.PWHT+S.C后冲击功为54J时相应的转变温度增量。

4.5.3 分步冷却脆化处理程序应符合采购技术文件的规定。

4.6 超声检测。

4.6.1 钢板应逐张按GB/T 2970或NB/T 47013.3进行超声检测，Ⅰ级合格。具体按项目采购技术文件的规定。

4.6.2 钢板逐张超声检测，100%扫查，各次扫查之间的重叠不应小于10%。

4.7 表面质量。

4.7.1 钢板表面不允许存在裂纹、气泡、结疤、折叠和夹杂等对使用有害的缺陷。钢板不得有分层。如有上述表面缺陷，允许清理，清理深度从钢板实际尺寸算起，不得超过钢板厚度公差之半，并应保证钢板的最小厚度。缺陷清理处应平滑无棱角。

4.7.2 其它缺陷允许存在，其深度从钢板实际尺寸算起，不得超过厚度允许公差之半，并应保证缺陷处钢板厚度不小于钢板允许最小厚度。

4.7.3 钢板不允许进行焊补。

4.7.4 钢板的标志和标志转移应符合标准和采购技术文件的规定。

4.7.5 裙座上段用12Cr2Mo1R、12Cr2Mo1VR钢板，除不进行回火脆化倾向评定外，其它均与封头用12Cr2Mo1R、12Cr2Mo1VR钢板的技术要求相同。

5 钢板尺寸、外形、质量检查确认

5.1 检查钢板尺寸、外形、质量及其允许偏差符合GB/T 709及GB/T 713的规定。钢板厚度偏差满足标准和设计文件要求。

5.2 检查钢板表面质量符合标准的规定，且钢板不允许焊接修补。

6 无损检测

6.1 检查确认无损检测人员资格。

6.2 检查确认无损检测方案符合标准和采购技术文件的规定。

6.3 全部钢板逐张按项目设计文件规定的检测方法和标准进行超声检测（UT），合格级别按项目设计文件的规定。

6.4 无损检测报告审查。

7 产品包装、标志和质量证明书检查

7.1 检查确认钢板的包装、标志和质量证明书符合GB/T 247和采购技术文件的规定。

7.2 检查钢板以适当的方法标记下述项目。

7.2.1　钢板生产厂名称。

7.2.2　标准号及钢号。

7.2.3　炉号。

7.2.4　钢板号。

7.2.5　尺寸。

7.3　钢板质量证明书至少包括下述内容。

7.3.1　钢板生产厂名称。

7.3.2　钢号。

7.3.3　炉号。

7.3.4　钢板号。

7.3.5　化学成分。

7.3.6　力学性能。

7.3.7　超声检测结果。

7.3.8　尺寸、质量检验部门印记。

7.4　检查确认钢板检验符合标准的规定。

7.5　检查确认钢板运输方案，并及时联系通知委托方。

8　高压临氢钢板驻厂监造主要质量控制点

8.1　文件见证点（R）：由监造人员对设备材料制造过程有关文件、记录或报告进行见证而预先设定的监造质量控制点。

8.2　现场见证点（W）：由监造人员对设备材料制造过程、工序、节点或结果进行现场见证而预先设定的监造质量控制点，且应包括相关文件见证点（R）质量控制内容。

8.3　停止点（H）：由监造人员见证并签认后才可转入下一个过程、工序或节点而预先设定的监造质量控制点，应包括相关现场见证点（W）和文件见证点（R）质量控制内容。

序号	工序名称	监造内容	文件见证点（R）	现场见证点（W）	停止点（H）
1	资质、工艺文件及装备能力	1. 钢厂质量保证体系	R		
		2. 钢厂质量认证书	R		
		3. 钢厂质量手册、质量体系程序文件等	R		
		4. 钢厂钢板生产相应的企业工艺技术标准	R		
		5. 钢厂钢板生产工艺方案及相关资质	R		
		6. 钢厂钢板生产工艺技术方案，质量保证措施，进度计划等	R		
		7. 钢厂质量管理和检测、检验、试验人员的资质	R		
		8. 钢厂用于钢板生产、检测、检验、试验的设备器具清单及检定周期	R		
2	冶炼	1. 材料冶炼工艺	R		
		2. 材料的熔炼分析	R		
		3. 材料的成品分析	R		
		4. X系数、J系数	R		
3	钢板轧制	1. 板坯进行检查和清理		W	
		2. 板坯加热		W	
		3. 钢板轧制		W	
		4. 钢板厚度公差控制		W	
4	无损检测	热处理前100%超声检测		W	
5	热处理	1. 热处理工艺方案	R		
		2. 热处理设备、检测及记录设施		W	
		3. 性能热处理		W	
6	钢板检验、验收（Max. PWHT和Min. PWHT后）	1. 检验项目符合采购技术文件规定	R		
		2. 钢板样坯取样		W	
		3. 模拟最大和最小焊后热处理		W	
		4. 成品化学成分分析	R		
		5. 冷弯试验		W	

（续表）

序号	工序名称	监造内容	文件见证点（R）	现场见证点（W）	停止点（H）
6	钢板检验、验收（Max. PWHT 和 Min. PWHT 后）	6. 室温拉伸试验		W	
		7. 高温拉伸试验		W	
		8. 低温冲击试验		W	
		9. 回火脆化倾向评定试验	R		
		10. 晶粒度检验	R		
		11. 非金属夹杂物检验	R		
		12. 表面质量检查		W	
		13. 尺寸检验		W	
		14. 钢板标识		W	
		15. 产品质量证明书审查	R		
		16. 钢板出厂前检查（外观、包装、标志等）		W	

高强钢储罐用钢板监造大纲

目 录

前言

《高强钢储罐用钢板监造大纲》是参照GB/T 1.1—2009《标准化工作导则　第1部分：标准的结构和编写》给出的规则起草。

本大纲由中国石油化工集团有限公司物资装备部提出。

本大纲为首次发布。

本大纲起草单位：合肥通安工程机械设备监理有限公司。

本大纲起草人：杨景、胡积胜、张海波、解朝晖。

高强钢储罐用钢板监造大纲

1　总则

1.1　内容和适用范围。

1.1.1　本大纲主要规定了采购单位（或使用单位）对高强钢储罐用钢板制造过程监造的基本内容及要求，是委托驻厂监造的主要依据。

1.1.2　本大纲适用于石油化工工业使用的高强钢储罐用钢板制造过程监造，同类材料可参照使用。

1.1.3　本大纲中具体技术要求如与采购技术文件不一致时，原则上应以采购技术文件为准。

1.2　监造工作的基本要求。

1.2.1　监造人员要求。

1.2.1.1　监造人员应与所在监造单位有正式劳动合同关系。

1.2.1.2　监造人员应严格依据监造委托合同，履行监造职责，完成监造任务。

1.2.1.3　监造人员应持有不低于中国设备监理协会颁发的专业设备监理师资格证书，监造人员有二年（或以上）的监造业务经验，在相应专业岗位工作三年以上。

1.2.1.4　监造人员应熟悉监造物资的制造工艺，掌握制造过程中的质量技术要求和检验试验关键控制点。

1.2.1.5　监造人员在监造活动过程中应遵守有关保密约定和规定。

1.2.1.6　监造人员应遵守制造厂HSSE或安全生产管理制度的相关规定，严格执行劳保着装和安全防护要求。

1.2.2　监造工作程序。

1.2.2.1　监造人员在开始监造的10个工作日内，对制造厂的人员资质、生产工艺、装备能力和质保体系运行情况进行检查和评估，并向委托方提供质量风险评估报告，明确风险等级（高、中、低、无）。

1.2.2.2　监造单位在收到采购技术文件后，10个工作日内编制完成《监造大纲》。

1.2.2.3　监造单位在获得设计相关图纸、制造工艺、质量控制计划、生产进度计划后，15日内编制完成《监造实施细则》。

1.2.2.4　监造人员应配备必要的用于平行检查且检定合格的检测器具。

1.2.2.5　监造人员应按委托方的通知或有关要求参加或组织召开预检验会议，与制造厂对接确定检验试验计划和质量控制点，并经委托方确认。

1.2.2.6　监造人员应组织制造厂质量、技术、生产及经营（项目管理）等相关部门召开监理周例会，通报监造工作情况，协调解决质量进度问题，结合生产进度计划安排后续监造工作，并形成会议纪要。

1.2.2.7　监造人员在监造实施过程中，如发现质量隐患、质量问题以及可能影响交货期的重大因素时，应及时报委托方，并以书面形式通知制造厂，要求制造厂采取有效措施予以整改，若制造厂延误或拒绝整改时，可责令其停工。

1.2.2.8　对于原材料以及外协加工、外协检测和外协检验试验等过程，监造人员应重点审查质量证明文件、外协单位资质、人员资质、工艺文件和检验试验报告等。并依据监造实施细则和检验试验计划中设置的监造访问点，实施质量控制。

1.2.2.9　实施监造的物资经现场监造人员确认符合标准规范和订单约定后按照批次开具监造放行单，并报委托方。

1.2.2.10　全部监造工作完成后，应于30日内完成监造总结报告交付委托方。

1.3　监造单位应提交的文件资料。

1.3.1　目录（含页码）（必须）。

1.3.2　产品质量监造报告书（必须）。

1.3.3 监造工作总结（必须）。

1.3.4 监造大纲（必须）。

1.3.5 监造实施细则（必须）。

1.3.6 监造周报（必须）。

1.3.7 设计变更通知及往来函件（如有）。

1.3.8 监造工作联系单（如有）。

1.3.9 监造工程师通知单（如有）。

1.3.10 会议纪要（如有）。

1.3.11 监造放行单（必须）。

1.4 主要编制依据。

1.4.1 采购技术文件。

1.4.2 TSG 21 固定式压力容器安全技术监察规程。

1.4.3 TSG Z8001 特种设备无损检测人员考核规则。

1.4.4 GB/T 150.1 ~ GB/T 150.4 压力容器。

1.4.5 GB/T 713 锅炉和压力容器用钢板。

1.4.6 GB/T 17505 钢及钢产品交货一般技术要求。

1.4.7 GB/T 19189—2011 压力容器用调质高强度钢板。

1.4.8 GB/T 26429 设备工程监理规范。

1.4.9 Q/SHCG 18007.1 ~ 2—2016 10万 m^3 浮顶油罐用钢板技术条件。

1.4.10 采购技术文件。

2 质量管理体系审查

2.1 查验钢厂 ISO 9000 质量管理体系认证证书、钢板评审结论。

2.2 审阅钢厂质量手册、质量体系程序文件和第三层次文件。

2.3 审阅钢厂钢板生产相应的企业工艺技术标准等。

3 钢板生产工艺组织设计

3.1 审查钢厂钢板生产工艺技术方案、质量保证措施、进度计划等。

3.2 审查钢厂质量管理和检验、检测、试验人员的资质。

3.3 检查钢厂用于钢板生产、检验、检测、试验的设备器具清单及其检定周期。

3.4 使用境外牌号的材料，应审查材料与TSG 21《固定式压力容器安全技术监察规程》和产品标准的符合性。

3.5 TSG 21《固定式压力容器安全技术监察规程》要求技术评审的新材料，应审查材料的技术评审和相应批准手续。

4 钢的冶炼

4.1 审查钢水冶炼工艺方案，确保采用氧气转炉冶炼，并进行炉外精炼（RH处理）。

4.2 审查钢水熔炼分析检验报告，确保符合采购技术文件的规定。对于高强度钢板12MnNiVR的化学成分，化学元素Cr、Nb、Ti要进行内部控制。钢板的化学成分，成品分析和熔炼分析的偏差应符合GB/T 222的规定。

5 钢板轧制

5.1 审查钢板轧制工艺方案。

5.2 审查板坯的炉罐号记录。板坯投料前，必须将投料板坯的化学成分提供监造方认可后方可投料。

5.3 检查板坯表面的打磨情况。

5.4 检查板坯轧制前的加热温度。

5.5 按GB/T 19189、GB/T 713和钢板订货技术条件，检查钢板（热状态）厚度偏差控制。

5.6 检查轧制后的钢板表面情况。

6 热处理

6.1 审查钢板热处理工艺技术方案。

6.2 监督钢板热处理实施，抽查热处理的温度和时间控制情况。

6.3 审查钢板的炉罐号、热处理批号记录。

6.4 高强度钢板应以调质热处理（淬火+回火）状态交货，其调质热处理的回火温度应不低于600℃。其中需要焊后热处理的钢板用SR表示，其调质热处理的回火温度应不低于620℃。

7 无损检测

7.1 无损检测仪器、设备的校验情况检查。

7.2 监督钢厂逐张进行超声检测，按NB/T 47013.3，合格级别为Ⅰ级。

7.3 审查无损检测原始记录、工艺卡片和无损检测报告。

8 钢板力学性能及冷弯性能检验

8.1 旁站检查钢板取样部位、数量应符合标准和技术要求。

8.2 检查首批力学性能和冷弯性能试验试样的加工尺寸应符合标准规定，中间批次进行抽查。

8.3 监督检查力学性能和冷弯性能试验，监造人员应进行现场见证。

8.4 审查钢板力学性能和冷弯性能检验报告。

8.5 高强度钢板应逐张进行拉伸试验（1个试样）、冲击试验（3个试样）和冷弯试验（1个试样），力学性能及冷弯性能试验方法按GB 19189规定的相应试验方法进行试验，其试验结果除应符合标准（见表1）的规定外，还应满足采购技术文件的要求。

表1 12MnNiVR及12MnNiVR-SR钢板力学性能及冷弯性能技术要求

拉伸试验			冲击试验（横向）		冷弯试验
			−20℃ KV_2/J		
R_{eL} /MPa	R_m /MPa	A/%	三个试样平均值	一个试样最低值	$b=2a$ 180°
≥490	610~730	厚度＜20mm：$A\geq17$ 厚度≥20mm：$A\geq18$	≥100	≥70	$d=3a$
*当屈服现象不明显时，采用$R_{p0.2}$。					

9 模拟焊后热处理

9.1 监督试板模拟焊后热处理的实施。

9.2 检查、确认钢板模拟焊后热处理的力学性能及冷弯性能试验用样。

9.3 钢板采购技术文件中标记12MnNiVR-SR钢板的力学性能及冷弯性能试验用样应先进行模拟焊后热处理，然后再进行性能试验，其试验结果应符合标准和设计文件的规定。模拟焊后热处理用试板的尺寸为200mm × 300mm，模拟焊后热处理工艺应按采购技术文件的规定进行。

10 钢板切边、测厚、表面质量及标记

10.1 抽查钢板的厚度测定。

10.2 对钢板表面质量进行宏观检查。

10.3 审查各项检查、检验、检测记录与报告。

10.4 钢板的尺寸、外形及其允许偏差应符合GB/T 709规定，钢板为B类或C类偏差供货（具体按采购技术文件）。

10.5 钢板表面质量应符合GB/T 19189和GB/T 713的规定，如发现不允许表面缺陷存在，可采用砂轮清理，清理深度从钢板实际尺寸算起，不得超过钢板厚度公差之半，并应保证钢板的最小厚度。缺陷清理处应平滑无棱角，且钢板不得进行焊接修补。

11 钢板包装、标志和质量证明书

11.1 检查确认钢板的包装、标志和质量证明书符合GB/T 247的规定。

11.2 检查钢板标记下述项目：

① 钢板制造单位的标记；

② 钢板号；

③ 牌号；

④ 尺寸；

⑤ 炉号；

⑥ 重量；

⑦ 装车标记；

⑧ 模拟焊后热处理钢板的标志。

11.3 质量证明书至少应包括下述内容：

① 钢板制造单位的名称；

② 钢号；

③ 炉号；

④ 钢板号；

⑤ 化学成分；

⑥ 力学性能；

⑦ 超声检测结果；

⑧ 尺寸及重量；

⑨ 12MnNiVR-SR钢板的实际回火温度；

⑩ 质量检验部门印记。

12 其它

12.1 钢厂的下列资料提供审查。

12.1.1 制造工艺组织设计、生产技术方案。

12.1.2 检验计划、进度计划。

12.1.3 工艺技术方案变更资料。

12.1.4 钢板化学成分分析报告。

12.1.5 几何尺寸检查记录。

12.1.6 无损检测报告。

12.1.7 热处理温度记录曲线和热处理报告。

12.1.8 力学性能试验报告。

12.2 钢厂的下列资料供审阅。

12.2.1 钢厂质量手册、质量管理体系文件和第三层次文件。

12.2.2 从事检验人员名单及证书。

12.2.3　从事无损检测人员名单及证书。

12.3　钢厂应向监造方提供下列资料复印件。

12.3.1　钢板评审结论。

12.3.2　用于检验的主要设备检定证书（冲击试验机、拉力试验机）。

12.3.3　国家合格试验室认可证书。

12.3.4　监造方认为需要的其它资料。

12.4　钢厂在发货前需提供每张钢板下列资料，监造方认可后方可发货。

12.4.1　钢板宽度方向不平度的实测值，钢板尺寸（长、宽、厚）。

12.4.2　SR板的回火温度。

12.4.3　表面质量实际检查结果，包括修磨部位的最小厚度。

13　高强钢储罐用钢板驻厂监造主要质量控制点

13.1　文件见证点（R）：由监造人员对设备材料制造过程有关文件、记录或报告进行见证而预先设定的监造质量控制点。

13.2　现场见证点（W）：由监造人员对设备材料制造过程、工序、节点或结果进行现场见证而预先设定的监造质量控制点，且应包括相关文件见证点（R）质量控制内容。

13.3　停止点（H）：由监造人员见证并签认后才可转入下一个过程、工序或节点而预先设定的监造质量控制点，应包括相关现场见证点（W）和文件见证点（R）质量控制内容。

序号	工序名称	监造内容	文件见证点（R）	现场见证点（W）	停止点（H）
1	资质、工艺文件及装备能力	1. 钢厂质量保证体系	R		
		2. 钢厂质量认证书	R		
		3. 钢厂质量手册、质量体系程序文件等	R		
		4. 钢厂钢板生产企业工艺技术标准	R		
		5. 钢厂钢板生产工艺方案及相关资质	R		

（续表）

序号	工序名称	监造内容	文件见证点（R）	现场见证点（W）	停止点（H）
1	资质、工艺文件及装备能力	6. 钢厂钢板生产工艺技术方案，质量保证措施，进度计划等	R		
		7. 钢厂质量管理和检测、检验、试验人员的资质	R		
		8. 钢厂用于钢板生产、检测、检验、试验的设备器具清单及检定周期	R		
2	钢的冶炼	1. 采用电炉+炉外精炼或氧气转炉+炉外精炼并经真空处理	R		
		2. 钢板化学成分（熔炼分析）	R		
		3. 钢板化学成分（成品分析）		W	
3	钢板轧制	1. 板坯进行检查和清理		W	
		2. 板坯加热		W	
		3. 钢板轧制		W	
		4. 钢板厚度公差控制		W	
4	钢板热处理	1. 钢板热处理工艺文件	R		
		2. 淬火+回火（QT）热处理		W	
5	钢板检验、验收	1. 钢板取样位置		W	
		2. 钢板的拉伸性能			H
		3. 钢板的冲击性能			H
		4. 冷弯试验			H
		5. 表面（外观）		W	
		6. 钢板逐张进行超声检测		W	
		7. 尺寸、外形、质量及允许偏差		W	
		8. 表面处理及防腐检查		W	
		9. 钢板标志		W	
		10. 质量证明书	R		
		11. 钢板发运		W	

无缝钢管
监造大纲

目　录

前　言

《无缝钢管监造大纲》是参照GB/T 1.1—2009《标准化工作导则　第1部分：标准的结构和编写》给出的规则起草。

本大纲由中国石油化工集团有限公司物资装备部提出。

本大纲为首次发布。

本大纲起草单位：合肥通安工程机械设备监理有限公司。

本大纲起草人：杨景、陈明健、周钦凯、王勤。

无缝钢管监造大纲

1　总则

1.1　内容和适用范围。

1.1.1　本大纲主要规定了采购单位（或使用单位）对无缝钢管制造过程监造的基本内容及要求，是委托驻厂监造的主要依据。

1.1.2　本大纲适用于石油化工工业中使用的无缝钢管制造过程监造，其它无缝钢管可参照使用。

1.1.3　本大纲中具体技术要求如与采购技术文件不一致时，原则上应以采购技术文件为准。

1.2　监造工作的基本要求。

1.2.1　监造人员要求。

1.2.1.1　监造人员应与监造公司有正式劳动合同关系。

1.2.1.2　监造人员应严格依据监造委托合同，履行监造职责，完成监造任务。

1.2.1.3　监造人员应持有不低于中国设备监理协会颁发的专业设备监理师资格证书，监造人员有二年（或以上）的监造业务经验，在相应专业岗位工作三年以上。

1.2.1.4　监造人员应熟悉监造物资的制造工艺，掌握制造过程中的质量技术要求和检验试验关键控制点。

1.2.1.5　监造人员在监造活动过程中应遵守有关保密的约定和规定。

1.2.1.6　监造人员应遵守制造厂 HSSE 或安全生产管理制度的相关要求，严格进行劳保着装和安全防护。

1.2.2　监造工作程序。

1.2.2.1　监造人员在开始监造的 10 个工作日内，对制造厂和相关人员资质、生产工艺、装备能力和质保体系运转情况进行检查和评估，并向委托方提供质量风险评估报告，明确风险等级（高、中、低、无）。

1.2.2.2　监造单位在收到采购技术文件后，10个工作日内编制完成《监造大纲》。

1.2.2.3　监造单位在获得设计相关图纸、制造工艺、质量控制计划、生产进度计划后，15日内编制完成《监理实施细则》。

1.2.2.4　监造人员应配备必要的用于平行检查且检定合格的检测器具。

1.2.2.5　监造人员应按委托方的通知或有关要求参加或组织召开预检验会议，与制造厂对接确定检验试验计划和质量控制点，并经委托方确认。

1.2.2.6　监造人员组织制造厂质量、技术、生产及经营（项目管理）等相关部门召开监理周例会，通报监造工作情况，协调解决质量进度问题，结合生产进度计划安排后续监造工作，并形成会议纪要。

1.2.2.7　监造人员在监造实施过程中，如发现质量隐患、质量问题以及可能影响交货期的重大因素时，应及时报委托方，并以书面形式通知制造厂，要求制造厂采取有效措施予以整改，若制造厂延误或拒绝整改时，可责令其停工。

1.2.2.8　对于原材料、外购件以及外协加工、外协检测和外协检验试验等过程，监造人员应重点审查质量证明文件、外协单位资质、人员资质、工艺文件和检验试验报告等。并依据监理实施细则和检验试验计划，设置必要的监造访问点实施质量控制。

1.2.2.9　监造的设备材料经现场监造人员确认符合标准规范和订单约定后按发货批次开具监造放行单，并报委托方。

1.2.2.10　全部监造工作完成后，应于30日内完成设备监造总结报告交付委托方。

1.3　监造单位应提交的文件资料。

1.3.1　目录（含页码）（必须）。

1.3.2　产品质量监造报告书（必须）。

1.3.3　监造工作总结（必须）。

1.3.4　监造大纲（必须）。

1.3.5　监理实施细则（必须）。

1.3.6　监造周报（必须）。

1.3.7　设计变更通知及往来函件（如有）。

1.3.8　监造工作联系单（如有）。

1.3.9　监造工程师通知单（如有）。

1.3.10　会议纪要（如有）。

1.3.11　监造放行通知单（必须）。

1.4　主要编制依据。

1.4.1　TSG D0001 压力管道安全技术监察规程－工业管道。

1.4.2　GB/T 3087 低中压锅炉用无缝钢管。

1.4.3　GB/T 5310 高压锅炉用无缝钢管。

1.4.4　GB/T 6479 高压化肥设备用无缝钢管。

1.4.5　GB/T 9948 石油裂化用无缝钢管。

1.4.6　GB/T 2102 钢管的验收、包装、标志和质量证明书。

1.4.7　GB/T 8163 输送流体用无缝钢管。

1.4.8　GB/T 14975 结构用不锈钢无缝钢管。

1.4.9　GB/T 14976 流体输送用不锈钢无缝钢管。

1.4.10　GB/T 18984 低温管道用无缝钢管。

1.4.11　GB/T 26429 设备工程监理规范。

1.4.12　ASME B31.3 工艺管道。

1.4.13　ASME B36.10 焊接和无缝轧制钢管。

1.4.14　ASTM A106/A106M 高温用无缝碳钢公称管。

1.4.15　ASTM A312/312M 无缝和焊接的奥氏体不锈钢公称管。

1.4.16　ASTM A333/333M 低温用无缝和焊制公称钢管。

1.4.17　ASTM A335/A335M 高温用无缝铁素体合金钢公称管。

1.4.18　ASTM A999/A999M 合金钢和不锈钢公称管通用要求。

1.4.19　采购技术文件。

2 原材料

2.1 冶炼方式。

依据采购技术文件和标准要求，检查钢坯的冶炼方式。

2.2 熔炼分析。

应审查每一炉钢的熔炼分析报告。如果采用二次熔炼工艺，则熔炼分析数据需取自每个一次熔炼炉次的一个重熔锭或其制品。

2.3 管坯制造。

管坯可采用连铸、模铸或热轧（锻）方法制造，当管坯采用锻制方法制造时，其锻造比应符合采购技术文件要求。当采用外购管坯时，管坯的供货商应满足采购技术文件要求。

3 钢管制造

钢管可以采用热轧（挤压、扩）或冷拔（轧）无缝方法制造。当需方指定制造方法时，应按照指定方式进行。

4 热处理

4.1 钢管的热处理按采购技术文件和相应标准规定执行。

4.2 检查热处理装备及工艺。

4.3 检查热处理曲线和记录。

4.4 当采购技术文件和标准有规定时，应按相应要求进行硬度检查。

5 无损检测

5.1 钢管通常采用的检测方法有超声检测、涡流检测、漏磁检测。除非采购技术文件另有规定，每根钢管均应进行无损检测，检测方法和检测结果应符合相应标准要求。

5.2 无损检测人员应持有相应类（级）别的有效资格证书。

5.3 检查无损检测工艺、设备、对比试块等。

5.4　审查无损检测报告。

6　压力试验

6.1　无缝钢管应逐根进行液压试验，液压试验介质通常为水，也可采用其它合适的介质，液压试验应符合采购技术文件及相关产品标准要求。

6.2　液压试验压力、保压时间等应符合相应采购技术文件和相关标准的规定。液压试验过程中不出现渗漏为合格。

6.3　对于采用超声、涡流、漏磁等无损检测代替液压试验的情形应符合采购技术文件的规定。

7　尺寸检查

7.1　成品尺寸。

成品钢管的外径偏差、内径偏差、壁厚偏差、重量偏差、长度偏差、弯曲度、不圆度和壁厚不均等，应符合相应产品标准及采购技术文件的规定。

7.2　管端部。

钢管的两端面应与钢管轴线垂直，并清除毛刺。以坡口供货的钢管，其坡口型式及尺寸应符合采购技术文件及相应标准要求。

8　化学成分及力学性能

8.1　成品分析。

如采购技术文件有要求，钢管应按照采购技术文件及相应标准进行成品分析。

8.2　力学性能。

8.2.1　根据钢管采购技术文件和相应标准要求，加工纵向或横向拉伸试样，优先制备标准试样，如因材料限制，可制备相应的小尺寸试样。

8.2.2　常温拉伸试验结果符合相应标准要求。

8.2.3　对于高温工况下使用的钢管，应按采购技术文件和相应标准要求进行高温拉伸试验。

8.3 冲击试验。

8.3.1 钢管应按照相应标准和采购技术规范要求进行冲击试验，其取样方式、试样尺寸、试验结果符合相应标准要求。

8.3.2 对低温工况下使用的钢管，应按采购技术文件和相应标准要求进行低温冲击试验。

9 工艺性能

根据采购技术文件和相应标准要求，选择压扁试验、扩口试验、弯曲试验、低倍检验、非金属夹杂、晶粒度、晶间腐蚀等一种或几种进行，试验方法、检验结果符合采购技术文件和相应标准要求。

10 外观及标志

10.1 外观及防腐。

10.1.1 钢管内外表面不允许有目视可见的裂纹、折叠、结疤、轧折和离层、氧化皮、划痕，这些缺陷应完全清除，清除后实际壁厚应不小于壁厚偏差所允许的最小值。当采购技术文件有要求时，可进行内窥镜检查。

10.1.2 不锈钢钢管表面需经酸洗钝化处理，碳钢和合金钢钢管表面可根据买方要求确定是否涂防护层。

10.2 标志。

10.2.1 钢管标志应醒目、牢固，字迹应清晰、规范、不易褪色。

10.2.2 标志至少应包括以下基本信息：制造厂名称或商标、产品标准号、钢的牌号、产品规格及可追踪性识别号码。

10.2.3 不锈钢管表面所用的标记漆或墨水不得含有任何有害的金属或金属盐，如锌、铅或铜。

10.2.4 当采购技术文件中有要求时，应优先满足用户要求。

11 防护和包装

钢管包装应能满足吊装、运输及现场存放要求，包装的强度、刚度足够，能保护钢管表面、端部坡口等不受损伤。不锈钢管包装应隔离防止铁离子污染，钢管发运时的包装和装载应符合采购技术文件及相关标准的规定。

12 无缝钢管驻厂监造主要质量控制点

12.1 文件见证点（R）：由监造人员对设备材料制造过程有关文件、记录或报告进行见证而预先设定的监造质量控制点。

12.2 现场见证点（W）：由监造人员对设备材料制造过程、工序、节点或结果进行现场见证而预先设定的监造质量控制点，且应包括相关文件见证点（R）质量控制内容。

12.3 停止点（H）：由监造人员见证并签认后才可转入下一个过程、工序或节点而预先设定的监造质量控制点，应包括相关现场见证点（W）和文件见证点（R）质量控制内容。

序号	零部件及工序名称	监造内容	文件见证点（R）	现场见证点（W）	停止点（H）
1	制造厂资质及加工能力审查	1. 制造厂制造资质	R		
		2. 参与本项目的厂方质量管理人员、理化人员、无损检测人员等资质	R		
		3. 厂方质量手册、质量体系程序文件等	R		
		4. 厂方质量保证体系、质量认证证书	R		
		5. 用于钢管生产、检测、检验、试验的设备器具清单及检定周期	R		
2	文件审查	1. 厂方钢管生产相应的企业工艺技术标准	R		
		2. 厂方生产技术方案、进度计划、检验计划等	R		
3	钢的冶炼	1. 冶炼方法	R		
		2. 钢锭化学成分（熔炼分析）			H
4	管坯	1. 钢锭或管坯入厂验收（质保书、外观等）	R		
		2. 管坯连铸、模铸或热轧（锻）		W	
		3. 管坯表面机加工		W	
5	钢管成型	1. 管坯表面检查和清理		W	

（续表）

序号	零部件及工序名称	监造内容	文件见证点（R）	现场见证点（W）	停止点（H）
5	钢管成型	2. 管坯加热		W	
		3. 穿管、轧制		W	
		4. 荒管尺寸检查		W	
6	钢管热处理	1. 钢管热处理工艺文件	R		
		2. 热处理过程		W	
		3. 热处理报告、记录曲线	R		
7	液压试验	1. 液压试验工艺文件	R		
		2. 液压试验			H
		3. 液压试验记录	R		
8	无损检测	1. 无损检测工艺文件	R		
		2. 无损检测		W	
		3. 无损检测报告	R		
9	检验、试验（具体项目按照采购技术文件及标准要求）	1. 钢管取样位置与数量		W	
		2. 钢管化学成分（成品分析）		W	
		3. 常温拉伸试验		W	
		4. 高温拉伸试验		W	
		5. 冲击试验		W	
		6. 压扁试验		W	
		7. 弯曲试验		W	
		8. 扩口试验		W	
		9. 晶粒度		W	
		10. 非金属夹杂物检验		W	
		11. 低倍组织检验		W	
		12. 不锈钢晶间腐蚀试验		W	
		13. 硬度		W	
		14. 不锈钢、合金钢钢管 PMI		W	

（续表）

序号	零部件及工序名称	监造内容	文件见证点（R）	现场见证点（W）	停止点（H）
10	外观、尺寸	1. 内外表面目视检查		W	
		2. 内窥镜检查（如有）		W	
		3. 尺寸（外径、内径、壁厚、长度、不圆度、弯曲度、壁厚不均、坡口等）检查		W	
		4. 重量检查		W	
11	标志、包装	1. 标志内容		W	
		2. 包装方式		W	
12	交工资料	资料完整性、准确性	R		

炉管（轧制）监造大纲

目　录

前　言

《炉管（轧制）监造大纲》是参照GB/T 1.1—2009《标准化工作导则　第1部分：标准的结构和编写》给出的规则起草。

本大纲由中国石油化工集团有限公司物资装备部提出。

本大纲为首次发布。

本大纲起草单位：合肥通安工程机械设备监理有限公司。

本大纲起草人：杨景、陈明健、胡积胜、田阳。

炉管（轧制）监造大纲

1　总则

1.1　内容和适用范围。

1.1.1　本大纲主要规定了采购单位（或使用单位）对轧制炉管制造过程监造的基本内容及要求，是委托驻厂监造的主要依据。

1.1.2　本大纲适用于石油化工工业使用的常减压、连续重整、渣油加氢、柴油加氢等装置中的管式加热炉用轧制炉管制造过程监造，其它无缝炉管可参照使用。

1.1.3　本大纲中具体技术要求如与采购技术文件不一致时，原则上应以采购技术文件为准。

1.2　监造工作的基本要求。

1.2.1　监造人员要求。

1.2.1.1　监造人员应与所在监造单位有正式劳动合同关系。

1.2.1.2　监造人员应严格依据监造委托合同，履行监造职责，完成监造任务。

1.2.1.3　监造人员应持有不低于中国设备监理协会颁发的专业设备监理师资格证书，监造人员有二年（或以上）的监造业务经验，在相应专业岗位工作三年以上。

1.2.1.4　监造人员应熟悉监造物资的制造工艺，掌握制造过程中的质量技术要求和检验试验关键控制点。

1.2.1.5　监造人员在监造活动过程中应遵守有关保密约定和规定。

1.2.1.6　监造人员应遵守制造厂HSSE或安全生产管理制度的相关规定，严格执行劳保着装和安全防护要求。

1.2.2　监造工作程序。

1.2.2.1　监造人员在开始监造的10个工作日内，对制造厂的人员资质、生产工艺、装备能力和质保体系运行情况进行检查和评估，并向委托方提供质量风险评估报告，明确风险等级（高、中、低、无）。

1.2.2.2　监造单位在收到采购技术文件后，10个工作日内编制完成《监造大纲》。

1.2.2.3　监造单位在获得设计相关图纸、制造工艺、质量控制计划、生产进度计划后，15日内编制完成《监造实施细则》。

1.2.2.4　监造人员应配备必要的用于平行检查且检定合格的检测器具。

1.2.2.5　监造人员应按委托方的通知或有关要求参加或组织召开预检验会议，与制造厂对接确定检验试验计划和质量控制点，并经委托方确认。

1.2.2.6　监造人员应组织制造厂质量、技术、生产及经营（项目管理）等相关部门召开监造周例会，通报监造工作情况，协调解决质量进度问题，结合生产进度计划安排后续监造工作，并形成会议纪要。

1.2.2.7　监造人员在监造实施过程中，如发现质量隐患、质量问题以及可能影响交货期的重大因素时，应及时报委托方，并以书面形式通知制造厂，要求制造厂采取有效措施予以整改，若制造厂延误或拒绝整改时，可责令其停工。

1.2.2.8　对于原材料、外购件以及外协加工、外协检测和外协检验试验等过程，监造人员应重点审查质量证明文件、外协单位资质、人员资质、工艺文件和检验试验报告等。并依据监造实施细则和检验试验计划中设置的监造访问点，实施质量控制。

1.2.2.9　实施监造的物资经现场监造人员确认符合标准规范和订单约定后按照批次开具监造放行单，并报委托方。

1.2.2.10　全部监造工作完成后，应于30日内完成监造总结报告交付委托方。

1.3　监造单位应提交的文件资料。

1.3.1　目录（含页码）（必须）。

1.3.2　产品质量监造报告书（必须）。

1.3.3 监造工作总结（必须）。

1.3.4 监造大纲（必须）。

1.3.5 监造实施细则（必须）。

1.3.6 监造周报（必须）。

1.3.7 设计变更通知及往来函件（如有）。

1.3.8 监造工程师通知单（如有）。

1.3.9 监造工作联系单（如有）。

1.3.10 会议纪要（如有）。

1.3.11 监造放行单（必须）。

1.4 主要编制依据。

1.4.1 GB/T 26429 设备工程监理规范。

1.4.2 NB/T 47013 承压设备无损检测。

1.4.3 ASTM A312 无缝、焊接和深度冷加工奥氏体不锈钢管的标准规范。

1.4.4 ASTM A213 锅炉、过热器和换热器用铁素体与奥氏体合金钢无缝管的规格。

1.4.5 ASTM A335 高温用无缝铁素体合金钢管。

1.4.6 采购技术文件。

2 一般要求

2.1 炉管用钢采用电炉炼钢+炉外精炼（AOD或AOD+VD）。

2.2 管坯采用铸锭锻造工艺，锻造比应符合采购技术文件要求。

2.3 炉管应采用无缝钢管工艺生产，为轧制成型管，轧制方式应符合采购技术文件要求。

2.4 铸锭冶炼时需逐炉进行化学成分分析，成品炉管应逐炉进行化学成分分析，取样分析频次及各元素分析结果应符合采购技术文件的规定。

2.5 炉管在制造、检验、堆放、包装及运输过程中应远离应力腐蚀介质环境。

3 穿孔及轧制

3.1 炉管管坯采用热穿孔方式加工。

3.2 炉管轧制方式选择应按采购技术文件的规定执行。

3.3 炉管轧制应遵循制造厂工艺程序文件规定。

4 热处理

4.1 炉管加工过程中热处理不允许代替最终热处理。

4.2 炉管最终热处理工艺应按材料对应标准或采购技术文件要求。

4.3 热处理温度及保温时间应按材料对应标准或采购技术文件要求。

4.4 需提供热处理温度时间曲线图，应在采购技术文件中予以说明。

5 性能试验

5.1 炉管性能试验取样比例应符合采购技术文件要求。

5.2 炉管性能试验试样制备应符合对应标准或采购技术文件要求。

5.3 常温力学性能试验：炉管常温力学性能试验执行标准及试验结果应符合采购技术文件要求。

5.4 高温力学性能试验：炉管高温温力学性能试验执行标准，试验温度及试验结果应符合采购技术文件要求。

5.5 晶间腐蚀试验：奥氏体不锈钢炉管晶间腐蚀试验执行标准、试验方法及试验结果应符合采购技术文件要求。弯曲后试样表面不得有晶间腐蚀裂纹。

5.6 非金属夹杂物：炉管非金属夹杂物评级标准以及验收标准应符合采购技术文件要求。

5.7 晶粒度：晶粒度评定取样位置应位于炉管截面的壁厚中央部位，合格等级应符合采购技术文件要求。需提供晶粒度照片，应在采购技术文件中予以说明。

5.8 压扁试验：炉管压扁试验执行标准，试验方法及试验结果应符合采购技术文件要求。压扁后试样不允许出现裂纹。

5.9　扩口试验：炉管扩口试验执行标准，扩口角度及试验结果应符合采购技术文件要求。扩口后试样不允许出现裂纹。

5.10　弯曲试验：炉管弯曲试验执行标准、弯曲度数及试验结果应符合采购技术文件要求。面弯与背弯后试样不允许出现裂纹。

5.11　微观金相：炉管微观金相试验执行标准、微观组织要求应符合采购技术文件要求。

5.12　硬度值：炉管硬度值检验比例、检验方法以及验收规定应符合采购技术文件要求。

6　无损检测

6.1　奥氏体不锈钢炉管应逐根进行液体渗透检测，检测部位及验收要求应按照采购技术文件的规定执行。

6.2　炉管应逐根进行100%超声检测，检测方法及标准试块要求应按照采购技术文件的规定执行。

6.3　炉管应逐根进行100%涡流检测，检测方法及标准试块要求应按照采购技术文件的规定执行。

6.4　CrMo钢炉管应逐根进行磁粉检测，检测部位及验收要求应按照采购技术文件的规定执行。

6.5　炉管两端应各切除200mm的检测盲区，并满足定尺要求。

6.6　成品炉管应进行PMI测试，验收标准采购技术文件的规定执行。

7　压力试验

7.1　炉管压力试验执行标准按采购技术文件的规定执行。

7.2　炉管压力试验值及保压时间按对应标准计算值与要求执行。

7.3　炉管压力试验用水应洁净，介质中的氯离子含量不允许超过25mg/L和采购技术文件的规定。压力试验后立即将水排放干净，并用干燥的压缩空气吹扫。

8 外观及尺寸检查

8.1 炉管外观质量要求无裂纹、划痕、压痕、凹坑、折皱、重皮等表面缺陷。

8.2 对不侵入最小壁厚的结疤、折叠、夹渣等缺陷，允许研磨清除，消除缺陷后剩余的壁厚不得小于最小壁厚。

8.3 炉管表面缺陷仅允许通过打磨消除，不允许焊接修补。

8.4 炉管内表面应进行100%内窥镜检查，内表面不允许有裂纹、缩孔、凹坑、夹渣、粘砂、折迭、重皮、氧化皮等缺陷，表面应光滑，不允许有尖锐划痕等。若要求保存或提供可追溯、清晰的原始视频记录，应在采购技术文件中予以说明。

8.5 炉管交货长度按设计长度整根交货，单根供货炉管不允许有对接焊缝。

8.6 炉管厚度为公称壁厚或最小壁厚，应在采购技术文件中明确规定。允许偏差值及不均匀度等应按采购技术文件要求验收。

8.7 炉管内、外直径公差以及椭圆度应按采购技术文件要求验收。

8.8 炉管长度公差应按采购技术文件要求验收。

8.9 炉管直线度公差应按采购技术文件要求验收。

9 标识

9.1 检验合格炉管应按采购技术文件要求进行标识。

9.2 采用逐根喷印的方法，在炉管表面进行标志标识。

9.3 标志内容应包括：公称直径、壁厚、材料标准、厂家或商标、炉号、批号、产品标准等。

9.4 喷标用材料：不锈钢喷标用油墨应为专用油墨，不含有任何有害金属或金属盐，如锡、锌、铅、硫、铜或氯化物等在热态时可引起腐蚀的物质。

10 包装发运

10.1 炉管应采用有效措施防止运输、储存过程中的腐蚀和损坏。

10.2 运输前进行彻底清洁、干燥，去除碎片、杂质等。

10.3 炉管两端用塑料盖帽包装封头进行保护。

10.4 炉管用塑料编织布缠绕包装，抵挡运输过程中可能遇到的腐蚀。

11 其它检查

11.1 当制造厂质量保证体系发生重大变化时，应对其质量保证体系进行例行检查。

11.2 如需制造厂保留备份样，采购时应在采购技术文件中予以说明。

12 炉管（轧制）驻厂监造主要质量控制点

12.1 文件见证点（R）：由监造人员对设备材料制造过程有关文件、记录或报告进行见证而预先设定的监造质量控制点。

12.2 现场见证点（W）：由监造人员对设备材料制造过程、工序、节点或结果进行现场见证而预先设定的监造质量控制点，且应包括相关文件见证点（R）质量控制内容。

12.3 停止点（H）：由监造人员见证并签认后才可转入下一个过程、工序或节点而预先设定的监造质量控制点，应包括相关现场见证点（W）和文件见证点（R）质量控制内容。

序号	零部件及工序名称	监造内容	文件见证点（R）	现场见证点（W）	停止点（H）
1	制造厂资质及能力审查	1. 压力管件生产许可证、质量控制体系等审查	R		
		2. 理化检验、无损检测等人员资质审查	R		
		3. 制造厂装备能力、试验设备、检验工具、仪表等审查	R	W	
2	钢锭冶炼	1. 钢锭冶炼工艺文件审查	R		
		2. 熔炼用原材料的证明文件审查	R		
		3. 熔炼化学成分分析	R		

（续表）

序号	零部件及工序名称	监造内容	文件见证点（R）	现场见证点（W）	停止点（H）
2	钢锭冶炼	4. 材料标记移植		W	
3	管坯锻造	1. 锻造工艺文件审查	R		
		2. 锻造比检查	R		
		3. 锻造过程检查		W	
		4. 管坯外观质量检测		W	
		5. 低倍组织检查	R		
		6. 管坯尺寸检查		W	
		7. 材料标记移植		W	
4	穿孔加工	1. 穿孔工艺文件审查	R		
		2. 荒管几何尺寸检查		W	
		3. 荒管内表面裂纹检查		W	
		4. 荒管尺寸检查		W	
		5. 材料标记移植		W	
5	轧制加工	1. 轧制工艺文件审查	R		
		2. 轧制过程审查	R		
		3. 轧制管外观质量检查		W	
		4. 轧制管几何尺寸检查		W	
		5. 材料标记移植		W	
6	热处理	1. 热处理工艺审查	R		
		2. 热处理设备检查		W	
		3. 热处理温度检查	R		
		4. 热处理温度时间曲线	R		
		5. 热处理报告审查	R		
		6. 材料标记移植		W	
7	性能试验	1. 成品化学成分检测		W	
		2. 常温力学性能试验		W	
		3. 高温力学性能试验		W	
		4. 晶粒度		W	
		5. 晶间腐蚀试验		W	

（续表）

序号	零部件及工序名称	监造内容	文件见证点（R）	现场见证点（W）	停止点（H）
7	性能试验	6. 硬度值		W	
		7. 压扁试验		W	
		8. 扩口试验		W	
		9. 弯曲试验		W	
		10. 微观金相		W	
8	无损检测	1. 无损检测程序文件审查	R		
		2. 炉管表面 PT 检测		W	
		3. 无损检测试块标定检查		W	
		4. 炉管 ET 检测		W	
		5. 炉管 UT 检测		W	
9	压力试验	1. 压力试验程序文件审查	R		
		2. 压力试验介质报告	R		
		3. 压力试验保压压力值			H
		4. 压力试验保压时间			H
		5. 压力试验报告	R		
10	外观质量及几何尺寸	1. 炉管内表面内窥镜检查	R		
		2. 炉管外表面目视检查		W	
		3. 炉管壁厚检查		W	
		4. 炉管内外直径检查	R		
		5. 炉管椭圆度检查	R		
		6. 炉管长度检查	R		
		7. 炉管直线度检查	R		
		8. 炉管表面标记		W	
		9. 炉管坡口形式		W	
11	最终验收	1. 炉管坡口保护		W	
		2. 交货状态检查		W	
		3. 炉管内外表面总体检查		W	
		4. 包装检查		W	
		5. 发运保护检查			H
		6. 交工资料审查	R		

离心铸造炉管监造大纲

目　录

前　言

《离心铸造炉管监造大纲》是参照GB/T 1.1—2009《标准化工作导则　第1部分：标准的结构和编写》给出的规则起草。

本大纲由中国石油化工集团有限公司物资装备部提出。

本大纲为首次发布。

本大纲起草单位：合肥通安工程机械设备监理有限公司。

本大纲起草人：杨景、胡积胜、田阳、郑明宇。

离心铸造炉管监造大纲

1 总则

1.1 内容和适用范围。

1.1.1 本大纲主要规定了采购单位（或使用单位）对离心铸造炉管制造过程监造的基本内容及要求，是委托驻厂监造的主要依据。

1.1.2 本大纲适用于石油化工工业使用的乙烯裂解炉、制氢转化炉等装置中的离心铸造炉管制造过程监造，其它高温承压用铸造炉管可参照使用。

1.1.3 本大纲中具体技术要求如与采购技术文件不一致时，原则上应以采购技术文件为准。

1.2 监造工作的基本要求。

1.2.1 监造人员要求。

1.2.1.1 监造人员应与监造公司有正式劳动合同关系。

1.2.1.2 监造人员应严格依据监造委托合同，履行监造职责，完成监造任务。

1.2.1.3 监造人员应持有不低于中国设备监理协会颁发的专业设备监理师资格证书，监造人员有二年（或以上）的监造业务经验，在相应专业岗位工作三年以上。

1.2.1.4 监造人员应熟悉监造物资的制造工艺，掌握制造过程中的质量技术要求和检验试验关键控制点。

1.2.1.5 监造人员在监造活动过程中应遵守有关保密的约定和规定。

1.2.1.6 监造人员应遵守制造厂HSSE或安全生产管理制度的相关要求，严格进行劳保着装和安全防护。

1.2.2 监造工作程序。

1.2.2.1 监造人员在开始监造的10个工作日内，对制造厂的人员资质、生

产工艺、装备能力和质保体系运转情况进行检查和评估，并向委托方提供质量风险评估报告，明确风险等级（高、中、低、无）。

1.2.2.2 监造单位在收到采购技术文件后，10个工作日内编制完成《监造大纲》。

1.2.2.3 监造单位在获得设计相关图纸、制造工艺、质量控制计划、生产进度计划后，15日内编制完成《监造实施细则》。

1.2.2.4 监造人员应配备必要的用于平行检查且检定合格的检测器具。

1.2.2.5 监造人员应按委托方的通知或有关要求参加或组织召开预检验会议，与制造厂对接确定检验试验计划和质量控制点，并经委托方确认。

1.2.2.6 监造人员组织制造厂质量、技术、生产及经营（项目管理）等相关部门召开监造周例会，通报监造工作情况，协调解决质量进度问题，结合生产进度计划安排后续监造工作，并形成会议纪要。

1.2.2.7 监造人员在监造实施过程中，如发现质量隐患、质量问题以及可能影响交货期的重大因素时，应及时报委托方，并以书面形式通知制造厂，要求制造厂采取有效措施予以整改，若制造厂延误或拒绝整改，可责令其停工。

1.2.2.8 对于原材料、外购件以及外协加工、外协检测和外协检验试验等过程，监造人员应重点审查质量证明文件、外协单位资质、人员资质、工艺文件和检验试验报告等。并依据监造实施细则和检验试验计划，设置必要的监造访问点实施质量控制。

1.2.2.9 监造的设备材料经现场监造人员确认符合标准规范和订单约定后按照批次开具设备监造放行单，并报委托方。

1.2.2.10 全部监造工作完成后，应于30日内完成设备监造总结报告交付委托方。

1.3 监造单位应提交的文件资料。

1.3.1 目录（含页码）（必须）。

1.3.2 产品质量监造报告书（必须）。

1.3.3 监造工作总结（必须）。

1.3.4 监造大纲（必须）。

1.3.5 监造实施细则（必须）。

1.3.6 监造周报（必须）。

1.3.7 设计变更通知及往来函件（如有）。

1.3.8 监造工作联系单（如有）。

1.3.9 监造工程师通知单（如有）。

1.3.10 会议纪要（如有）。

1.3.11 监造放行通知单（必须）。

1.4 主要编制依据。

1.4.1 GB/T 26429 设备工程监理规范。

1.4.2 HG/T 2601—2011 高温承压用离心铸造合金炉管。

1.4.3 HG/T 3673—2011 高温承压用静态铸造合金管件。

1.4.4 SH/T 3417—2018 石油化工管式炉高合金炉管焊接工程技术条件。

1.4.5 NB/T 47014 承压设备焊接工艺评定。

1.4.6 NB/T 47013 承压设备无损检测。

1.4.7 ASTM A608 高温承压用铁铬镍高合金离心铸造管。

1.4.8 Q/SHCG 11008—2016 乙烯裂解炉辐射盘管采购技术规范。

1.4.9 采购技术文件。

2 原材料

2.1 炉管或管件应由电弧炉或感应炉熔炼，炉管采用金属模具离心铸造，管件采用静态铸造或其它铸造方法。

2.2 所有浇铸材料必须为纯新材料，严禁使用废旧炉管、铸件和机加工回收的金属屑作为熔炼炉管的原料。

2.3 主要外购原材料的供应商应符合采购技术文件要求。

2.4 炉管的化学成分、常温力学性能、高温力学性能、高温持久性能、金相低倍检查等应与采购技术文件的规定一致。

2.5 炉管或管件冶炼时需逐炉进行化学成分分析，两炉或多炉钢水倒入同一钢包进行浇铸时，可作为一炉次。炉管及管件成品分析频次及结果应符合采购技术文件的规定。

2.6　炉管的交货状态按采购技术文件规定验收。

2.7　外购材料及外购件。

2.7.1　材料规格、化学成分、力学性能应与采购技术文件一致。

2.7.2　外购件应进行外观、几何形状及尺寸检查，焊接坡口及边缘应进行渗透检测。

2.7.3　承压件材料按采购技术文件进行PMI测试，并打PMI标记。

3　性能试验

3.1　离心炉管。

3.1.1　常温力学性能试验。

3.1.1.1　取样频次按照采购技术文件或相关标准的有关规定执行。试验结果应符合采购技术文件或HG/T 2601的有关规定。

3.1.1.2　试样可从同一炉号的任一管段的冷端先切除不小于150mm后，取样位置应在密实层部位。

3.1.2　高温短时力学性能试验。

3.1.2.1　取样频次按照采购技术文件或相关标准的有关规定执行。

3.1.2.2　制氢转化炉前10炉每2炉取样1件，10炉以后按炉次的10%进行试验。

3.1.2.3　取样位置与常温试验相同。试验温度应符合采购技术文件或HG/T 2601有关规定。

3.1.3　高温持久性能试验。

3.1.3.1　取样频次按照采购技术文件或相关标准的有关规定执行。

3.1.3.2　取样位置与常温试验相同。试验温度、应力、最短断裂时间应符合采购技术文件或HG/T 2601表4有关规定。

3.1.4　金相低倍酸蚀试验。

3.1.4.1　取样频次按照采购技术文件或相关标准的有关规定执行。试验结果应符合采购技术文件或相关标准的有关规定。

3.1.4.2　裂解炉管和转化炉管金相组织柱状晶比例和等轴晶比例按采购技术文件的规定，炉管柱状晶体比例不低于50%。铸态外表面粗糙层厚度不大于0.8mm，离心铸造管最小密实层厚度不得小于施工图的规定。

3.1.5　复验。

3.1.5.1　炉管上述试验中的任何一项不合格，允许复验，复验及判废标准按采购技术文件的规定执行。

3.2　静态铸造管件。

常温力学性能试验、高温短时力学性能试验、结果及取样数量、判废加试等应符合采购技术文件或HG/T 2601的有关规定。

4　离心浇铸的直管弯制

4.1　弯制前应按材料、直径、壁厚、管子最小弯曲半径进行弯管工艺试验，以验证其壁厚、金相组织、无损检测、几何形状及尺寸等符合采购技术文件规定。

4.2　弯管应无任何折皱、凹陷、机械损伤等。

4.3　弯管弯制后的最小壁厚和尺寸公差应符合施工图和采购技术文件的规定。

5　外观及尺寸检查

5.1　炉管及管件制造过程中应逐件进行标记，标记方式符合采购技术文件规定。

5.2　外观质量。

5.2.1　外圆不加工的炉管，其外表面应呈现均匀分布的杨梅粒子。

5.2.2　外表面为铸态交货的炉管，铸后应进行不锈钢喷丸处理，并应露出金属表面以便目测检查。

5.2.3　炉管表面不得有气孔、缩孔、砂眼、机械损伤、裂纹等缺陷。

5.3　炉管的壁厚偏差、内径和外径公差、直线公差、圆度、同轴度和盘管组焊后长度及相邻两炉管中心距偏差等应符合标准和采购技术文件的规定。

6 焊接

6.1 焊工作业必须持有相应类别的有效焊接资格证书。

6.2 制造厂应在产品施焊前，根据采购技术文件和NB/T 47014的规定完成焊接工艺评定。

6.3 所有的焊接应采用GTAW（钨极气体保护焊）工艺，所有根部焊道内表面应采用氩气保护。

6.4 每个长管所允许的焊接接头数量按采购技术文件规定。

6.5 长度小于2m的管段其组焊位置应放在长管的端头，且该管长度最短不得小于1.5m。

6.6 两管段对接环焊缝错边量应不大于0.25mm。

6.7 焊接时不得使用衬环等衬垫。

6.8 焊缝表面不允许存在咬边、未熔合、未焊透、裂纹、气孔、弧坑、飞溅等缺陷。

6.9 炉管焊接接头根部余高应进行通规检查。

6.10 炉管焊接接头根部表面成形质量应进行内窥镜检查，不允许有内凹、未熔合等缺陷。环缝内表面修磨后应进行厚度检查，厚度不得低于最小壁厚。若要求保存或提供可追溯、清晰的原始视频记录，应在采购技术文件中予以说明。

6.11 离心浇铸炉管的铸造缺陷不允许补焊。

6.12 静态铸造管件的焊补应符合采购技术文件的规定，同一部位的焊补不得超过两次。

7 无损检测

7.1 管段外表面应逐根进行100%渗透检测或荧光磁粉检测，应无裂纹、气孔、砂眼等缺陷。

7.2 管段应逐根进行100%涡流检测，应无裂纹、疏松溶孔缺陷，其它缺陷最大深度≤0.125mm。

7.3　管端坡口及内壁2倍内径长度范围内应进行液体渗透检测。

7.4　所有承压件的对接接头焊后应进行100%射线检测，按NB/T 47013 Ⅰ级验收。焊缝外表面应进行100%液体渗透检测，NB/T 47013 Ⅰ级验收。

7.5　角焊缝焊后应进行100%液体渗透检测，按NB/T 47013 Ⅰ级验收。

7.6　静态铸造的承压管件应进行射线检测。射线检测部位、比例、数量、标准及验收级别按采购技术文件规定。补焊区域的射线检测按采购技术文件规定。

7.7　静态铸造的弯头、吊架内外表面坡口进行100%液体渗透检测，检测标准及验收级别按采购技术文件规定。

7.8　所有承压锻件粗加工后应进行超声检测，按NB/T 47013及采购技术文件规定验收。

7.9　所有承压锻件精加工后应进行液体渗透检测，验收标准按NB/T 47013—2015 Ⅰ级要求。

7.10　除碳钢外，每种合金类型的承压部件焊缝的PMI测试按采购技术文件规定。

8　热处理

8.1　静态铸件管件是否需要进行热处理，按照施工图纸及采购技术文件的规定。

8.2　CF8C铸造管件应进行固溶热处理和稳定化热处理，热处理温度和保温时间按照采购技术文件的规定。

8.3　对奥氏体不锈钢管件，如原材料需要作稳定化处理，其焊接接头也应进行稳定化处理，热处理温度和保温时间按采购技术文件的规定。

8.4　对弯管用离心炉管弯曲制造前是否进行热处理，按照施工图纸、制造工艺及采购技术文件的规定。

9　压力试验及包装发运

9.1　炉管管段应逐根进行水压试验和气密性试验。试验压力和保压时间按施工图或采购技术文件的规定。

9.2 静态铸造管件应进行水压试验，试验压力和保压时间按施工图或采购技术文件的规定。

9.3 长管及盘管应进行水压试验，试验压力和和保压时间按施工图或采购技术文件的规定。

9.4 试验用水的氯离子含量不超过20mg/L，水温不低于5℃。水压试验不允许有泄漏、冒汗，且不允许补焊。

9.5 盘管组件的悬挂测试按采购技术文件规定。

9.6 炉管管段和焊接长管，均应采用槽钢或角钢、V型木质卡板和螺栓成排分层卡夹式包装，使每组炉管成一个刚性整体。每个包装架上设有吊耳等吊装构件。非不锈钢金属或合金不得与炉管接触。

9.7 炉管包装前应对加工坡口妥善保护，两端管坡口应用特制的木盖或不含氯的塑料盖封牢。

10 其它检查

10.1 当制造厂质量保证体系发生重大变化时，应对其质量保证体系进行例行检查。

10.2 如铸造产品存在表面质量问题，应对制造厂的浇铸模具进行检查。

10.3 如需制造厂保留备份样，采购时应在采购技术文件中予以说明。

10.4 铸造浇铸配料环节如按停止点控制，驻厂人数应满足生产进度要求。

11 离心铸造炉管驻厂监造主要质量控制点

11.1 文件见证点（R）：由监造人员对设备材料制造过程有关文件、记录或报告进行见证而预先设定的监造质量控制点。

11.2 现场见证点（W）：由监造人员对设备材料制造过程、工序、节点或结果进行现场见证而预先设定的监造质量控制点，且应包括相关文件见证点（R）质量控制内容。

11.3 停止点（H）：由监造人员见证并签认后才可转入下一个过程、工序或节点而预先设定的监造质量控制点，应包括相关现场见证点（W）和文件见证点（R）质量控制内容。

序号	零部件及工序名称	监造内容	文件见证点（R）	现场见证点（W）	停止点（H）
1	制造厂资质及能力审查	1. 压力管件生产许可证、质量控制体系等审查	R		
		2. 理化检验、无损检测等人员资质审查	R		
		3. 制造厂装备能力、试验设备、检验工具、仪表等审查		W	
2	离心铸造炉管	1. 炉管铸造工艺文件审查	R		
		2. 熔炼用原材料的证明文件审查	R		
		3. 炉管铸造浇铸配料			H
		4. 炉管铸造过程检查		W	
		5. 熔炼化学成分分析	R		
		6. 成品化学成分分析		W	
		7. 常温、高温短时力学性能		W	
		8. 高温持久强度性能		W	
		9. 低倍金相腐蚀试验		W	
		10. 外观质量检查		W	
		11. 机加工后端部壁厚检查		W	
		12. 管内表面粗糙度检查		W	
		13. 管内涡流检测	R		
		14. 管段外表面、坡口、管壁内表面2倍内径长度PT检测	R		
		15. 管段坡口尺寸检测		W	
		16. 管段最短允许长度检查		W	
		17. 管段直线度检查		W	
		18. 管段材料及管号标记检查		W	
		19. 管段气密性试验		W	
		20. 管段水压试验		W	
3	静态铸造管件	1. 管件铸造工艺文件审查	R		
		2. 熔炼用原材料的证明文件审查	R		
		3. 管件铸造浇铸配料			H

（续表）

序号	零部件及工序名称	监造内容	文件见证点（R）	现场见证点（W）	停止点（H）
3	静态铸造管件	4. 管件铸造过程检查		W	
		5. 熔炼化学成分分析	R		
		6. 试样化学成分分析		W	
		7. 常温、高温短时力学性能		W	
		8. 管件RT、PT检测	R		
		9. 管件几何尺寸检测		W	
		10. 管件壁厚检测		W	
		11. 管件表面粗糙度检查		W	
		12. 管件外观质量检查		W	
		13. 缺陷补焊工艺审查	R		
		14. 补焊用焊材检查		W	
		15. 补焊前、后PT检测		W	
		16. 管件材料及编号标识		W	
		17. 管件热处理（如有）	R		
		18. 管件水压试验			H
4	离心炉管弯管成型	1. 弯管用离心炉管材料性能报告审查	R		
		2. 弯管工艺审查	R		
		3. 试验弯管壁厚、几何尺寸及无损检测检查		W	
		4. 弯管过程检查		W	
		5. 弯管几何尺寸检测		W	
		6. 弯管外表面、坡口、管壁内表面2倍内径长度PT检测		W	
		7. 弯管材料及编号标识		W	
5	外购件	1. 外购件供应商	R		
		2. 质量证明书审查	R		
		3. 外观质量检查		W	
		4. 几何尺寸检测		W	
		5. 材料PMI检测		W	
		6. 材料标记移植		W	

（续表）

序号	零部件及工序名称	监造内容	文件见证点（R）	现场见证点（W）	停止点（H）
6	长管组焊	1. 焊接工艺评定报告	R		
		2. 焊接工艺规程	R		
		3. 焊接工艺执行状况		W	
		4. 组焊长管允许管段数		W	
		5. 焊缝外观质量检查		W	
		6. 打底焊缝表面PT无损检测		W	
		7. 焊缝RT、PT无损检测	R		
		8. 焊缝PMI测试		W	
		9. 长管通规检查		W	
		10. 长管焊缝内表面内窥镜检查		W	
		11. 长管总长检查		W	
		12. 长管直线度检查		W	
		13. 长管水压试验			H
		14. 长管标记移植		W	
7	盘管	1. 管件组对方位检查		W	
		2. 焊接工艺执行状况		W	
		3. 焊缝外观质量检查		W	
		4. 打底焊缝表面PT无损检测		W	
		5. 焊缝RT、PT无损检测		W	
		6. 焊缝PMI测试		W	
		7. 盘管悬挂测试（如有）			H
		8. 盘管几何尺寸检查		W	
		9. 盘管标记移植		W	
		10. 盘管水压试验			H
		11. 盘管内、外表面清理		W	
8	最终验收	1. 盘管现场组焊坡口保护		W	
		2. 防止盘管材料被污染		W	
		3. 盘管内外表面总体检查		W	
		4. 盘管包装检查		W	
		5. 盘管发运保护检查			H
		6. 交工资料审查	R		

乙烯裂解炉辐射段炉管监造大纲

目　录

前　言

《乙烯裂解炉辐射段炉管监造大纲》是参照GB/T 1.1—2009《标准化工作导则　第1部分：标准的结构和编写》给出的规则起草。

本大纲由中国石油化工集团有限公司物资装备部提出。

本大纲2010年7月第一次发布，本次为修订升版。

本大纲起草单位：上海众深科技股份有限公司。

本大纲起草人：华伟、邵树伟、时晓峰、方寿奇、贺立新。

乙烯裂解炉辐射段炉管监造大纲

1 总则

1.1 内容和适用范围。

1.1.1 本大纲主要规定了采购单位（或使用单位）对用于乙烯裂解炉辐射段炉管的制造过程监造的基本内容及要求，是驻厂监造的主要依据。

1.1.2 本大纲适用于石油化工工业乙烯裂解炉辐射段炉管制造过程的监造，同类设备可参照执行。

1.1.3 本大纲中具体技术要求如与采购技术文件不一致时，原则上应以采购技术文件为准。

1.2 监造工作的基本要求。

1.2.1 监造人员要求。

1.2.1.1 监造人员应与所在监造单位有正式劳动合同关系。

1.2.1.2 监造人员应严格依据监造委托合同，履行监造职责，完成监造任务。

1.2.1.3 监造人员应持有不低于中国设备监理协会颁发的专业设备监理师资格证书，监造人员有二年（或以上）的监造业务经验，在相应专业岗位工作三年以上。

1.2.1.4 监造人员应熟悉监造物资的制造工艺，掌握制造过程中的质量技术要求和检验试验关键控制点。

1.2.1.5 监造人员在监造活动过程中应遵守有关保密约定和规定。

1.2.1.6 监造人员应遵守制造厂HSSE或安全生产管理制度的相关规定，严格执行劳保着装和安全防护要求。

1.2.2 监造工作程序。

1.2.2.1 监造人员在开始监造的10个工作日内，对制造厂的人员资质、生

产工艺、装备能力和质保体系运行情况进行检查和评估，并向委托方提供质量风险评估报告，明确风险等级（高、中、低、无）。

1.2.2.2　监造单位在收到采购技术文件后，10个工作日内编制完成《监造大纲》。

1.2.2.3　监造单位在获得设计相关图纸、制造工艺、质量控制计划、生产进度计划后，15日内编制完成《监造实施细则》。

1.2.2.4　监造人员应配备必要的用于平行检查且检定合格的检测器具。

1.2.2.5　监造人员应按委托方的通知或有关要求参加或组织召开预检验会议，与制造厂对接确定检验试验计划和质量控制点，并经委托方确认。

1.2.2.6　监造人员应组织制造厂质量、技术、生产及经营（项目管理）等相关部门召开监理周例会，通报监造工作情况，协调解决质量进度问题，结合生产进度计划安排后续监造工作，并形成会议纪要。

1.2.2.7　监造人员在监造实施过程中，如发现质量隐患、质量问题以及可能影响交货期的重大因素时，应及时报委托方，并以书面形式通知制造厂，要求制造厂采取有效措施予以整改，若制造厂延误或拒绝整改时，可责令其停工。

1.2.2.8　对于原材料、外购件以及外协加工、外协检测和外协检验试验等过程，监造人员应重点审查质量证明文件、外协单位资质、人员资质、工艺文件和检验试验报告等。并依据监造实施细则和检验试验计划中设置的监造访问点，实施质量控制。

1.2.2.9　实施监造的物资经现场监造人员确认符合标准规范和订单约定后，按发货批次开具监造放行单，并报委托方。

1.2.2.10　全部监造工作完成后，应于30日内完成监造总结报告交付委托方。

1.3　监造单位应提交的文件资料。

1.3.1　目录（含页码）（必须）。

1.3.2　产品质量监造报告书（必须）。

1.3.3　监造工作总结（必须）。

1.3.4　监造大纲（必须）。

1.3.5　监造实施细则（必须）。

1.3.6　监造周报（必须）。

1.3.7　设计变更通知及往来函件（如有）。

1.3.8　监造工作联系单（如有）。

1.3.9　监理工程师通知单（如有）。

1.3.10　会议纪要（如有）。

1.3.11　监造放行单（必须）。

1.4　主要编制依据。

1.4.1　GB/T 150 压力容器。

1.4.2　GB/T 26429 设备工程监理规范。

1.4.3　HG/T 2601 高温承压用离心铸造合金炉管技术条件。

1.4.4　SH/T 3417 石油化工管式炉高合金炉管焊接工程技术条件。

1.4.5　HG/T 3673 静态铸造高温承压炉管件。

1.4.6　HG/T 20545 化学工业炉受压元件制造技术条件。

1.4.7　ASTM A608/A608M—2012 高温承压用离心铸造铁铬镍高合金管。

1.4.8　ASME SA351—2003 承压元件用奥氏体、奥氏体－铁素体（双相）铸件。

1.4.9　Q/SHCG 11008—2016 乙烯裂解炉辐射盘管采购技术规范。

1.4.10　采购技术文件。

2　原材料

2.1　炉管或管件应由电弧炉或感应炉熔炼，炉管采用金属模具离心铸造，管件采用静态铸造或其它铸造方法。

2.2　所有浇铸材料必须为新材料，严禁使用废旧炉管、铸件和机加工回收的金属屑作为熔炼炉管的原料，未使用的回炉料按采购技术文件规定执行。

2.3　主要外购原材料的供货商应符合采购技术文件的要求。

2.4　材料的化学成分、常温力学性能、高温力学性能、高温持久性能、金相低倍检查等应与采购技术文件规定一致。

2.5　炉管或管件冶炼时需逐炉进行化学成分分析，两炉或多炉钢水倒入同一钢包进行浇铸时，可作为一个炉次。炉管及管件成品分析频次及结果应符合采购技术文件的规定。

2.6　炉管的交货状态按采购技术文件规定执行。

2.7　外购材料及外购件。

2.7.1　材料规格、成分、性能应与采购技术文件一致。

2.7.2　外构件应进行外观和几何形状及尺寸检查，焊接坡口及边缘应进行渗透检测。

2.7.3　承压件材料按采购技术文件进行PMI测试，并打PMI标记。

3　性能试验

3.1　离心铸造炉管。

3.1.1　常温力学性能试验。

3.1.1.1　前10炉每炉取样进行常温力学性能试验，10炉以后每10炉做一次常温力学性能试验。试验结果应符合采购技术文件或HG/T 2601的有关规定。

3.1.1.2　试样可从同一炉号的任一管段的冷端（新标准中没要求哪一端）沿纵向切取，取样位置应在密实层部位。

3.1.1.3　高温短时力学性能试验。

3.1.1.4　同一规格的炉管大于20炉时，每20炉做一次高温短时力学性能试验；同一规格的炉管小于20炉时，高温短时力学性能试验次数为1～2次。

3.1.1.5　取样位置与常温试验相同。试验温度应符合采购技术文件或HG/T 2601表3的规定。

3.1.2　高温持久性能试验。

3.1.2.1　同材质、同规格的炉管每50炉做一次高温持久性能试验；订货数量多于150炉时，高温持久性能试验次数最多为4次。

3.1.2.2　取样位置与常温试验相同。试验温度、应力、最短断裂时间应符合采购技术文件或HG/T 2601表4的规定。

3.1.3　金相低倍酸蚀试验。

3.1.3.1　在管段冷、热两端分别取样。前10根管段逐根取样，以后每20根任选一根。试验结果应符合采购技术文件或HG/T 2601的规定。

3.1.3.2　裂解炉管和转化炉管柱状晶比例和等轴晶比例按采购技术文件规定。

3.1.4　复检。

炉管上述试验中的任何一项不合格，应从同一炉（批）管段中另取双倍试样，进行该项目的复检，复验次数不超过2次，复验结果仍不符合要求时，则该炉（批）管件不合格。

3.2　静态铸造管件。

常温力学性能试验、高温短时力学性能试验结果及取样数量、判废加试等应符合采购技术文件或HG/T 3673的规定。

4　焊接

4.1　焊工作业必须持有相应类别的有效焊接资格证书。

4.2　制造厂应在产品施焊前，根据采购技术文件和NB/T 47014的规定完成焊接工艺评定。

4.3　所有的焊接采用GTAW（钨极气体保护焊）工艺，所有根部焊道内表面应采用氩气保护。

4.4　每根长管所允许的焊接接头数量（炉管与两端法兰等焊接附件除外）:

4.4.1　对于转化管，当全长小于或等于10m时，应不多于2个；当全长大于10m时，应不多于3个。

4.4.2　对于乙烯裂解炉管或外径小于100mm，厚度不大于10mm的炉管，当全长小于或等于10m时，应不多于3个；当全长大于10m时应不多于4个。超过此范围的炉管，焊接接头数量由买卖双方协商确定。

4.5　长度小于2m的管段其组焊位置应放在长管的端头，且该管长度最短不得小于1.2m。

4.6　两管端对接环焊缝错边量应不大于0.25mm。

4.7　焊接时不得使用衬环等衬垫。

4.8　焊缝表面不允许存在咬边、未熔合、未焊透、裂纹、气孔、弧坑、飞溅等缺陷。

4.9　应对炉管焊接接头根部余高进行通规检查。

4.10　应对炉管焊接接头根部进行内窥镜检查其表面成形质量，不允许内凹、未熔合等缺陷。

4.11　用于转化炉和裂解炉管的铸造缺陷及水压、气密试验发现的渗漏和冒汗缺陷不允许补焊。其余补焊要求应采购技术文件或HG/T 2601的规定。

4.12　静态铸造管件的焊补应按采购技术文件规定执行，同一部位的焊补不得超过两次。

5　无损检测

5.1　逐根管段外表面、焊接接头坡口、打底及盖面焊缝表面、缺陷补焊区的母材和补焊金属应按GB/T 9443进行100%渗透检测，结果符合采购技术文件或HG/T 2601的规定。

5.2　管段内表面应逐根按GB/T 7735进行100%涡流检测，结果符合采购技术文件或HG/T 2601的规定。

5.3　所有承压件的对接接头焊缝及超过3mm的补焊金属应进行100%射线检测，按NB/T 47013.2 I级验收。

5.4　管段加工后25mm范围内的内外表面进行100%液体渗透检测，如发现气孔、夹渣或其它缺陷，则应切掉缺陷段，在切除的25mm管端再作检查，检验结果符合要求则合格；否则相同的检验过程应重复直至合格为止。

5.5　角焊缝焊后应进行100%渗透检测，按NB/T 47013.5 Ⅰ级验收。

5.6　静态铸造：首件铸件应100%RT，合格后按照铸件数量的5%（最少1件）再作100%射线检测，检测结果符合GB/T 5677规定中II级合格。补焊区域的射线探伤检查按采购技术文件及HG/T 3673的规定。

5.7　静态铸造的焊接坡口及邻近25mm范围内外表面应进行100%液体渗透检测和射线检测，检测标准及验收级别按采购技术文件及HG/T 3673的规定。

5.8　所有承压锻件粗加工后应进行超声检测，按NB/T 47013.3及采购技术文件规定验收。

5.9　所有承压锻件精加工后应进行渗透检测，验收标准按NB/T 47013.5 Ⅰ级要求。

5.10　所有承压合金焊缝的PMI测试按采购技术文件规定。

6　几何尺寸与外观

6.1　炉管及管件制作过程中应逐件进行标记，采用低应力圆头钢印或电火花。

6.2　外观质量。

6.2.1　外圆不加工的炉管，其外表面应呈现均匀分布的杨梅粒子（注：杨梅粒子直径ϕ0.3～ϕ1.5mm，高度≤0.8mm）。

6.2.2　炉管表面不得有气孔、缩孔、砂眼、裂纹等缺陷和其它有害缺陷，炉管焊缝表面不应有裂纹、机械损伤及咬边、未熔合。

6.2.3　外表面为铸态交货的炉管，铸后必须清理到露出金属表面能做目视检查的程度。

6.2.4　缺陷修补：炉管缺陷修补应严格按照采购技术文件或HG/T 2601的规定。

6.3　尺寸检查。

6.3.1　管段用超声波测厚仪进行测厚，离心铸造管最小密实层厚度不得小于施工图样的规定。内表面机加工炉管壁厚在任意位置上的偏差，对于转化管不大于1mm，对裂解炉管不大于0.8mm。

6.3.2　检查炉管的内径和外径公差、长度公差、直线度公差、圆度、同轴度和盘管组焊后长度及相邻两炉管中心距偏差等，应符合采购技术文件或HG/T 2601的规定。

6.4　离心浇铸的直管弯制。

6.4.1　弯制前应按材料、直径、壁厚、管子最小弯曲半径进行弯管工艺试验，以验证其壁厚、金相组织、无损检测、几何形状尺寸等符合采购技术文件规定。

6.4.2　弯管应无任何皱折、凹陷、机械损伤等。

6.4.3　弯管弯制后的最小厚度和尺寸公差应符合采购技术文件的规定。

7 热处理

7.1 静态铸造管件是否需要进行热处理按照采购技术文件的要求执行。

7.2 CF8C铸造管件应进行固溶处理和稳定化处理，热处理温度和保温时间按采购技术文件规定。

7.3 对奥氏体不锈钢制管件，如原材料要求作稳定化处理，其焊接接头也应进行稳定化处理，热处理温度和保温时间按采购技术文件规定。

8 耐压试验

8.1 炉管管段应逐根进行水压试验和气密性试验。试验压力和保压时间按施工图或采购技术文件规定。

8.2 静态铸造管件应进行水压试验，试验压力和保压时间按采购技术文件规定。

8.3 长管及盘管应进行水压试验，试验压力和保压时间按采购技术文件规定。

8.4 试验用水的氯离子含量不超过20mg/L，水温不低于5℃。水压试验不允许有渗漏和冒汗且不允许补焊。

8.5 盘管组装件的悬挂测试方法及结果按采购技术文件规定。

9 涂装与发运

9.1 炉管管段和焊接长管，均应采用槽钢或角钢、V形木质卡板和螺栓成排分层卡夹式包装，使每组炉管成一个刚性整体。每个包装架上应设有吊耳等吊装构件。非不锈钢金属或合金不得与炉管接触。

9.2 炉管包装前应对加工坡口妥善保护。两端管口应用特制的木盖或不含氯的塑料盖封牢。

9.3 装箱及出厂文件检查。

10 其它要求

10.1 当制造厂质量保证体系发生重大变化时，或出现重大质量事故时，可以会同订货方应对制造厂的质量保证体系进行例行检查。

10.2 如铸造产品存在表面质量问题时，应对制造厂的浇铸模具进行检查。

10.3 如需制造厂保留备份样，采购时应在订货文件中予以说明。

10.4 铸造浇铸配料环节如按停止点控制，驻厂人数应满足生产进度要求。

11 乙烯裂解炉辐射段炉管监造主要质量控制点

11.1 文件见证点（R）：由监造人员对设备材料制造过程有关文件、记录或报告进行见证而预先设定的监造质量控制点。

11.2 现场见证点（W）：由监造人员对设备材料制造过程、工序、节点或结果进行现场见证而预先设定的监造质量控制点，且应包括相关文件见证点（R）质量控制内容。

11.3 停止点（H）：由监造人员见证并签认后才可转入下一个过程、工序或节点而预先设定的监造质量控制点，应包括相关现场见证点（W）和文件见证点（R）质量控制内容。

序号	零部件名称	监造内容	文件见证点（R）	现场见证（W）	停止点（H）
1	离心铸造炉管	1. 熔炼用原材料的质保书	R		
		2. 铸造浇铸配料			H
		3. 化学成分分析		W	
		4. 常温、高温力学和高温持久性能		W	
		5. 金相腐蚀试验		W	
		6. 外观质量检查		W	
		7. 机加工后壁厚检查		W	
		8. 管内表面粗糙度检查		W	
		9. 管内涡流探伤检测		W	
		10. 管段外表面、坡口、管壁内表面2倍内径长度PT检测		W	

（续表）

序号	零部件名称	监造内容	文件见证点（R）	现场见证（W）	停止点（H）
1	离心铸造炉管	11. 直线度检查		W	
		12. 管段最短允许长度检查		W	
		13. 材料标记检查		W	
		14. 管段气密性试验		W	
		15. 管段水压试验		W	
2	静态铸造管件	1. 熔炼用原材料质保书	R		
		2. 铸造浇铸配料		W	H
		3. 化学成分分析		W	
		4. 常温、高温力学和高温持久性能		W	
		5. 管件弯制工艺审查		W	
		6. 管件RT、PT检测		W	
		7. 管件主要尺寸检查		W	
		8. 管件壁厚检查		W	
		9. 管件坡口PT探伤检测		W	
		10. 管件表面粗糙度检查		W	
		11. 可返修缺陷的补焊工艺确认	R		
		12. 补焊用焊材检查		W	
		13. 补焊部位无损检测		W	
		14. 材料标记		W	
		15. 管件热处理（如需要）	R		
		16. 管件水压试验			H
3	外购件	1. 材料质保书审查	R		
		2. 外观检查		W	
		3. 主要形状尺寸检查		W	
		4. 壁厚检查		W	
		5. 材料PMI检测		W	
		6. 制造厂材料标记移植		W	
4	长管组焊	1. 焊接工艺评定报告	R		
		2. 焊接工艺执行状况		W	

（续表）

序号	零部件名称	监造内容	文件见证点（R）	现场见证（W）	停止点（H）
4	长管组焊	3. 组焊长管允许管段数		W	
		4. 焊缝表面检查		W	
		5. 无损检测 RT、PT		W	
		6. 长管总长检查		W	
		7. 长管直线度检查		W	
		8. 长管通球检查		W	
		9. 长管焊缝内表面内窥境检查		W	
		10. 焊缝 PMI 测试		W	
		11. 长管水压试验			H
		12. 材料标记移植		W	
5	盘管	1. 焊缝外观检查		W	
		2. 焊接工艺执行状况		W	
		3. 无损检测 RT、PT		W	
		4. 盘管主要的几何尺寸的检查		W	
		5. 焊缝 PMI 测试		W	
		6. 材料标记移植		W	
		7. 盘管的水压试验			H
		8. 盘管内、外部清理		W	
6	悬挂试验（按采购技术文件）	1. 预组装悬挂			H
		2. 炉管间距悬挂检查			H
7	最终验收	1. 现场组焊坡口的保护		W	
		2. 防止高合金盘管被铁污染保护		W	
		3. 盘管内部、外表面总体检查		W	
		4. 盘管的包装检查		W	

乙烯裂解炉对流段炉管监造大纲

目　录

前　言

《乙烯裂解炉对流段炉管监造大纲》是参照GB/T 1.1—2009《标准化工作导则　第1部分：标准的结构和编写》给出的规则起草。

本大纲由中国石油化工集团有限公司物资装备部提出。

本大纲2010年7月第一次发布，本次为修订升版。

本大纲起草单位：上海众深科技股份有限公司。

本大纲起草人：华伟、时晓峰、邵树伟、方寿奇、贺立新。

乙烯裂解炉对流段炉管监造大纲

1 总则

1.1 内容和适用范围。

1.1.1 本大纲主要规定了采购单位（或使用单位）对乙烯裂解炉对流段炉管制造过程监造的基本内容及要求，是驻厂监造的主要依据。

1.1.2 本大纲适用于石油化工工业乙烯装置裂解炉对流段炉管制造过程监造，同类设备可参照执行。

1.2 监造工作的基本要求。

1.2.1 监造人员要求。

1.2.1.1 监造人员应与所在监造单位有正式劳动合同关系。

1.2.1.2 监造人员应严格依据监造委托合同，履行监造职责，完成监造任务。

1.2.1.3 监造人员应持有不低于中国设备监理协会颁发的专业设备监理师资格证书，监造人员有二年（或以上）的监造业务经验，在相应专业岗位工作三年以上。

1.2.1.4 监造人员应熟悉监造物资的制造工艺，掌握制造过程中的质量技术要求和检验试验关键控制点。

1.2.1.5 监造人员在监造活动过程中应遵守有关保密约定和规定。

1.2.1.6 监造人员应遵守制造厂HSSE或安全生产管理制度的相关规定，严格执行劳保着装和安全防护要求。

1.2.2 监造工作程序。

1.2.2.1 监造人员在开始监造的10个工作日内，对制造厂的人员资质、生产工艺、装备能力和质保体系运行情况进行检查和评估，并向委托方提供质量风险评估报告，明确风险等级（高、中、低、无）。

1.2.2.2　监造单位在收到采购技术文件后，10个工作日内编制完成《监造大纲》。

1.2.2.3　监造单位在获得设计相关图纸、制造工艺、质量控制计划、生产进度计划后，15日内编制完成《监造实施细则》。

1.2.2.4　监造人员应配备必要的用于平行检查且检定合格的检测器具。

1.2.2.5　监造人员应按委托方的通知或有关要求参加或组织召开预检验会议，与制造厂对接确定检验试验计划和质量控制点，并经委托方确认。

1.2.2.6　监造人员应组织制造厂质量、技术、生产及经营（项目管理）等相关部门召开监理周例会，通报监造工作情况，协调解决质量进度问题，结合生产进度计划安排后续监造工作，并形成会议纪要。

1.2.2.7　监造人员在监造实施过程中，如发现质量隐患、质量问题以及可能影响交货期的重大因素时，应及时报委托方，并以书面形式通知制造厂，要求制造厂采取有效措施予以整改，若制造厂延误或拒绝整改时，可责令其停工。

1.2.2.8　对于原材料、外购件以及外协加工、外协检测和外协检验试验等过程，监造人员应重点审查质量证明文件、外协单位资质、人员资质、工艺文件和检验试验报告等。并依据监造实施细则和检验试验计划中设置的监造访问点，实施质量控制。

1.2.2.9　实施监造的物资经现场监造人员确认符合标准规范和订单约定后，按发货批次开具监造放行单，并报委托方。

1.2.2.10　全部监造工作完成后，应于30日内完成监造总结报告交付委托方。

1.3　监造单位应提交的文件资料。

1.3.1　目录（含页码）（必须）。

1.3.2　产品质量监造报告书（必须）。

1.3.3　监造工作总结（必须）。

1.3.4　监造大纲（必须）。

1.3.5　监造实施细则（必须）。

1.3.6　监造周报（必须）。

1.3.7　设计变更通知及往来函件（如有）。

1.3.8　监理工程师通知单（如有）。

1.3.9　监造工作联系单（如有）。

1.3.10　会议纪要（如有）。

1.3.11　监造放行单（必须）。

1.4　主要编制依据。

1.4.1　TSG 21 固定式压力容器安全技术监察规程。

1.4.2　GB/T 26429 设备工程监理规范。

1.4.3　SH/T 3506 管式炉安装工程施工及验收规范。

1.4.4　SH/T 3415 高频电阻焊螺旋翅片管。

1.4.5　ASME 第Ⅰ卷动力锅炉建造规则。

1.4.6　ASME B16.25 对接坡口。

1.4.7　ASME B31.1 动力管道。

1.4.8　ASME B31.3 工艺管道。

1.4.9　Q/SHCG 11008—2016 乙烯裂解炉辐射盘管采购技术规范。

1.4.10　采购技术文件。

2　原材料

2.1　炉管材料。

2.1.1　炉管主要材料为Incoloy系列、A312 TP系列、ASTM A335 P系列、ASME SA335系列、ASTM A106B、ASME SA106B等，应采用无缝钢管。

2.1.2　管配件材料及成型应符合ASTM A234和采购技术文件的规定。

2.2　质量证明文件。

2.2.1　翅片管、光管、弯头、三通、集合管、管帽、管接缘的质量证明书、材料牌号及规格、数量、供货商应与采购技术文件一致。

2.2.2　炉管、弯头、管接缘等主要材料的化学成分、常温力学性能、高温力学性能、夏比冲击试验、硬度、晶粒度、非金属夹渣物、超声检测结果及试样数量、热处理状态应与采购技术文件规定一致。

2.2.3 高温铸造合金材料的化学成分、常温力学性能、高温力学性能应符合采购技术文件规定。

2.2.4 铸钢管板、焊接管板材料应与采购技术文件规定一致。

2.2.5 外部钢结构、衬里、保温钉等材料应与采购技术文件规定一致。

2.3 炉管及配件应进行外观、热处理状态标记和材料标记实物检查。

2.4 蒸汽过热段及锅炉给水预热段材料复验按《锅炉安全技术监察规程》执行，基管和翅片材料的复验应符合相关标准和采购技术文件的规定。

2.5 焊接材料及检验应与采购技术文件规定一致。

2.6 凡在制造过程中改变热处理状态的主体材料，应重新进行性能热处理，其力学性能结果应符合母材的规定。

3 焊接

3.1 焊工作业人员必须持有相应类别的有效焊接资格证书。

3.2 制造厂应在产品施焊前，根据采购技术文件、《锅炉安全技术监察规程》的规定等完成焊接工艺评定。

3.3 主要焊接工艺评定至少覆盖基体焊接工艺评定、异种钢焊接工艺评定、钢结构焊接工艺评定（采购技术文件另有规定的除外）三类。

3.4 翅片管焊接工艺评定（翅片与钢管连接采用螺旋缠绕高频电阻焊）按每种规格、材质进行，其评定检查的项目应符合SH/T 3415和采购技术文件的规定。

3.5 焊接工艺评定报告和焊接工艺规程应按采购技术文件规定报相关单位确认。

3.6 焊接作业应严格遵守焊接工艺纪律。

3.7 翅片高频电阻焊的焊接中断、未焊圈数、翅片根部折皱度、直线度，应符合SH/T 3415的规定。翅片高频焊接后可不进行热处理，翅片和基管焊接后，焊接接头抗拉强度不小于170MPa。

3.8 炉管焊接根部打底应采用钨极惰性气体保护焊，a）高合金炉管组对时应做到内口齐平，对口内部错边量应小于0.5mm；b）其它炉管组对时，对口内部错边量不应大于1mm。

3.9　所有接管处的焊缝应为全焊透结构，且接管处的角焊缝最小焊高为0.7倍支管壁厚或6.4mm中的较小值。

3.10　铸钢管板未经买方书面同意，不得进行补焊。

3.11　经买方同意，铸造管板补焊后应进行无损检测，检测要求按采购技术文件规定执行。

3.12　Cr–Mo钢焊前应预热、焊后应立即进行消除应力处理，否则应采用后热、缓冷等措施直至进炉热处理，且不得使用氧乙炔预热。

3.13　焊后热处理采用电加热、红外线或在预热炉内加热方法。热处理温度按采购技术文件规定。

3.14　焊接返修次数不得超过采购技术文件规定，所有的返修均应有返修工艺评定支持。

3.15　焊缝检查。

3.15.1　焊缝外观不允许存在裂纹、气孔、弧坑、夹渣、飞溅等缺陷。

3.15.2　炉管对口错边量应符合采购技术文件规定。

3.15.3　炉管焊缝咬边的最大尺寸按采购技术文件规定。

3.15.4　钢结构炉墙焊缝质量应符合及采购技术文件规定。

3.15.5　所有奥氏体不锈钢焊缝应进行铁素体测定，铁素体数应为3～10。

4　无损检测

4.1　无损作业人员应持有相应类（级）别的有效资格证书。

4.2　所有管材应进行超声检测。

4.3　管帽成型后应进行磁粉检测。

4.4　合金钢、碳素钢弯头成型后应进行磁粉检测。

4.5　合金钢弯头成型后应进行超声抽查。

4.6　不锈钢弯头成型后应进行100%超声检测。

4.7　三通等管件成型后应进行100%磁粉或渗透检测。

4.8　合金钢、不锈钢环缝坡口应进行100%渗透检测。

4.9　铸造管板和铸造管托喷砂后应进行100%渗透检测。

4.10 上述无损检测的项目、检查区域和评定等级按采购技术文件的规定验收。

4.11 主体焊缝的无损检测。

4.11.1 所有的铬钼钢、奥氏体不锈钢和镍合金钢的对接焊缝应进行100%射线检测。

4.11.2 超高压蒸汽过热段和锅炉给水预热段的盘管对接焊缝应进行100%射线检测。

4.11.3 工艺盘管碳钢对接焊缝，按每个焊工的10%焊道进行100%射线检测。

4.11.4 所有奥氏体不锈钢焊缝、镍合金钢焊缝应进行100%根部焊道渗透检测。

4.11.5 所有支管、附件和支撑吊耳焊缝应进行100%渗透或磁粉检测。

4.11.6 管接缘与集合管的连接接头应进行100%磁粉或渗透检测。

4.11.7 主体焊缝无损检测的评定等级按采购技术文件规定验收。

4.11.8 超高压蒸汽过热段和锅炉给水预热段的盘管焊缝热处理后应进行硬度检查，P91材质的母材、焊缝及热影响区最大硬度为HB200 ~ HB250。

4.11.9 对低合金钢和不锈钢材料的管子、弯头、法兰、焊接件及焊缝应进行材料鉴定试验（PMI），鉴定数量、测定元素及含量应符合采购技术文件的规定。

5 光谱分析和金相检验（适用于超高压蒸汽过热段和锅炉给水预热段炉管）

5.1 合金钢集合管、管接头、端盖及其连接焊缝应逐个进行光谱分析。

5.2 合金钢管及用手工焊接的焊缝应逐个进行光谱分析。

5.3 当材质为合金钢时，集合管对接焊缝、集合管上管接头的角焊缝、工作压力大于或等于9.8MPa或壁温大于450℃的集合管、管子的对接焊缝，均应进行金相检验。

5.4 金相检验的合格标准为：无裂纹、疏松；无过烧组织；无淬硬性马氏体组织。

5.5 断口检测按采购技术文件规定。

6 几何尺寸与外观

6.1 炉管机加工后的几何形状及尺寸检查，按施工图样规定。

6.2 弯头成形后几何形状及尺寸检查，按采购技术文件及相关标准规定验收。

6.3 翅片应是整体形状且呈螺旋状垂直缠绕于基管上，垂直度偏差按采购技术文件规定验收。

6.4 翅片管外观、几何形状及尺寸检查按采购技术文件规定验收。

6.5 管板（铸造、焊接）外形尺寸偏差按采购技术文件规定验收。

6.6 型钢加工成形后几何形状及尺寸检查按施工图样及相关标准规定验收。

6.7 观察口、仪表口的方位及伸出高度按施工图样规定验收。

6.8 不同级别标号和不同温度等级的隔热耐火浇筑材料，其理化性能（体积密度、化学成分、线变化率等）应符合采购技术文件规定。

6.9 炉墙内衬里检查按采购技术文件规定。

6.10 钢结构模块整体尺寸按施工图样验收。

7 热处理及产品试件

7.1 焊后热处理工艺的最终确认按采购技术文件规定。

7.2 热成型的弯头、管件或管帽应进行性能热处理。

7.3 与集合管连接的焊缝（不锈钢除外）应进行焊后消应力热处理。

7.4 所有铬钼钢焊缝和盘管焊缝应进行焊后消应力热处理。

7.5 对于焊后易产生延迟裂纹的钢材，应及时消氢处理。

7.6 制造过程中的焊缝消氢或局部后热处理不能代替产品最终热处理。

7.7 最终热处理前检查。

7.7.1 所有的焊接件和预焊件应焊接完成。

7.7.2 炉管环缝应进行外观检查，工装焊接件应清除干净。

7.7.3　管接缘与集合管连接部位应圆滑过渡，不得有棱角、突变等。

7.7.4　母材检查试件、产品焊接检查试件应齐全。换热器应进行内外表面外观检查，工装焊接件应清除干净。

7.8　最终热处理。

热处理应记录热电偶的数量及布置、保温温度、保温时间及升降温速度及热处理设备等，且应符合采购技术文件规定。

7.9　产品试件。

7.9.1　产品焊接检查试件的焊接应由产品的同一焊工完成，其试件材料、焊接材料、焊接设备和工艺条件等应与所代表的产品相同。

7.9.2　超高压蒸汽过热段和锅炉给水预热段的焊接试件的数量、检验项目、性能结果应符合《锅炉安全技术监察规程》规定。

7.9.3　材料为合金钢的集合管和炉管的对接接头，按同钢号、同焊接材料、同焊接工艺、同热处理设备和规范，每批做焊接接头数1%的模拟检查试件，但不得少于1个。集合管与管接头的角焊缝，每焊200个，应焊一个检查试件，不足200个也应焊一个检查试件。在产品接头上切取检查试件确有困难的，可焊接模拟的检查试件。

8　耐压及泄漏试验

8.1　有拼接焊缝的炉管组装前应进行水压试验。

8.2　每个组焊完成的盘管应进行水压试验。

8.3　水压试验压力、保压时间、水温、氯离子含量等应按采购技术文件规定。

9　涂装与发运

9.1　模块出厂前应按采购技术文件进行预组装，并检查工件外观、起吊及运输设备等。

9.2　炉管坡口和机加工表面应进行保护，所有法兰应使用垫片给予保护，所有管子端部应用严密固定的堵头密封。

9.3　禁止将金属支架和吊架焊接到管板和管托上。

9.4　防腐、涂漆和保护应符合采购技术文件规定。

9.5　标记应符合采购技术文件规定。

9.6　装箱及出厂文件检查。

10　其它要求

制造厂应具备锅炉制造资质。

11　乙烯裂解炉对流段炉管监造主要质量控制点

11.1　文件见证点（R）：由监造人员对设备材料制造过程有关文件、记录或报告进行见证而预先设定的监造质量控制点。

11.2　现场见证点（W）：由监造人员对设备材料制造过程、工序、节点或结果进行现场见证而预先设定的监造质量控制点，且应包括相关文件见证点（R）质量控制内容。

11.3　停止点（H）：由监造人员见证并签认后才可转入下一个过程、工序或节点而预先设定的监造质量控制点，应包括相关现场见证点（W）和文件见证点（R）质量控制内容。

序号	零部件名称	监造内容	文件见证点（R）	现场见证（W）	停止点（H）
1	原材料（管、翅片、焊材等）	1. 质量证明书审核，包括： 化学成分、力学性能、压扁试验、水压试验、超声检测、涡流检测（如有要求）	R		
		2. 外观、尺寸、标记检查		W	
		3. 性能复验	R		
		4. 焊接材料质量证明书及复验	R		
2	光管、基管	1. 组对焊口质量（坡口尺寸、间隙、错边量）		W	
		2. 焊接工艺评定、焊工资质、工艺纪律		W	
		3. 焊缝外观检查		W	
		4. 通球检查		W	
		5. 热处理		W	
		6. 形状尺寸检查（直线度、错边、咬边等）		W	

（续表）

序号	零部件名称	监造内容	文件见证点（R）	现场见证（W）	停止点（H）
2	光管、基管	7. 无损检测（RT、PT）	R		
		8. 水压试验		W	
		9. 不锈钢焊缝铁素体数检查	R		
		10. 合金钢、不锈钢母材及焊缝PMI		W	
		11. 产品焊接检查试件	R		
		12. 标记检查		W	
3	翅片管	1. 翅片与钢管连接采用螺旋缠绕高频电阻焊 每种规格材质的工艺评定： （1）翅片与钢管焊着率应大于90% （2）翅片与钢管的拉脱强度 （3）翅片与钢管的最大熔深	R		
		2. 翅片管外观、尺寸检查： 长度、直线度、翅片厚度、翅片高度、翅片垂直度（倾俯角）、翅片数量、焊接中断		W	
		3. 标记检查		W	
4	弯头、管帽、管件（三通）	1. 质量证明书审核，包括：化学成分、力学性能等	R		
		2. 成型后性能热处理	R		
		3. 硬度测试	R		
		4. 形状、尺寸、厚度	R		
		5. 弯头无损检测（UT、MT/PT）	R		
		6. 管帽无损检测（UT、MT/PT）	R		
		7. 三通无损检测（MT/PT）	R		
		8. 合金钢、不锈钢母材PMI		W	
		9. 产品母材性能热处理试板	R		
		10. 通球检查（如有要求）		W	
		11. 水压试验（如有要求）		W	
		12. 标记检查		W	
5	管接缘	1. 质量证明书审核，包括：化学成分、力学性能、金相（晶粒度、非金属夹杂物）	R		
		2. 无损检测（UT、MT）	R		
		3. 标记检查		W	

（续表）

序号	零部件名称	监造内容	文件见证点（R）	现场见证（W）	停止点（H）
6	铸钢中间管板	1. 质量证明书审核，包括：熔炼分析、常温力学性能、高温力学性能	R		
		2. 热处理		W	
		3. 铸件表面质量及修复情况		W	
		4. 加工尺寸（孔径、管桥宽度）及外观检查		W	
		5. 标识检查		W	
7	焊接中间管板、端管板	1. 焊接工艺评定、焊工资质、工艺纪律		W	
		2. 加工（孔径、管桥宽度）及外形尺寸检查		W	
		3. 端管板浇筑衬里密实程度及平整度检查		W	
		4. 衬里施工的试块检查		W	
		5. 标记检查		W	
8	集合管	1. 焊接工艺评定、焊工资质、工艺纪律		W	
		2. 管帽与集合管环缝无损检验（RT、MT、PT）	R		
		3. 集合管与管接缘角缝无损检验（MT、PT）	R		
		4. 管接缘与炉管环缝无损检验（RT、MT、PT）	R		
		5. 管口方位、尺寸检查		W	
		6. 整体热处理（不锈钢除外）		W	
		7. 焊缝硬度检查（不锈钢除外）		W	
		8. 不锈钢焊缝铁素体数检查	R		
		9. 合金钢、不锈钢母材及焊缝PMI		W	
		10. 产品焊接检查试件	R		
		11. 标记检查		W	
9	衬里	材料质量证明书审查，包括：化学成分、理化性能	R		
10	模块装配	1. 固定盘管装配工装检查		W	
		2. 钢结构及衬里尺寸及外观检查		W	
		3. 钢结构炉墙外表面及伸出口方位检查		W	
		4. 衬里施工过程中的试块检验		W	
		5. 焊接工艺评定、焊工资质、工艺纪律		W	
		6. 管口方位及外形尺寸检查		W	

（续表）

序号	零部件名称	监造内容	文件见证点（R）	现场见证（W）	停止点（H）
10	模块装配	7. 管板孔方位及同心度、管板间距检查		W	
		8. 炉管与弯头环缝错边量检查		W	
		9. 通球检查		W	
		10. 焊缝外观检查		W	
		11. 无损检测（RT、PT/MT、UT）	R		
		12. 盘管焊后热处理		W	
		13. 盘管焊缝热处理后硬度测试		W	
		14. 产品焊接检查试件	R		
		15. 不锈钢焊缝铁素体数检查		W	
		16. 合金钢、不锈钢母材及焊缝 PMI		W	
		17. 盘管压力（气密、水压）试验			H
		18. 管内清洁、吹扫检查		W	
		19. 标记检查		W	
		20. 炉管流程及组焊方位、尺寸、外观检查		W	
11	出厂检验	1. 模块总装尺寸检查		W	
		2. 仪表法兰及外伸管道法兰密封面外观检查		W	
		3. 喷砂除锈、油漆检查		W	
		4. 管口包装检查		W	
		5. 标记检查		W	

长输管道用埋弧焊管监造大纲

目 录

前 言

《长输管道用埋弧焊管监造大纲》是参照GB/T 1.1—2009《标准化工作导则　第1部分：标准的结构和编写》给出的规则起草。

本大纲由中国石油化工集团有限公司物资装备部提出。

本大纲为首次发布。

本大纲起草单位：合肥通安工程机械设备监理有限公司。

本大纲起草人：杨景、陈明健、胡积胜、周钦凯。

长输管道用埋弧焊管监造大纲

1 总则

1.1 内容和适用范围。

1.1.1 本大纲主要规定了采购单位（或使用单位）对直缝、螺旋缝埋弧焊钢管制造过程监造的基本内容及要求，是委托驻厂监造的主要依据。

1.1.2 本大纲适用于石油化工工业长输管道工程的直缝、螺旋缝埋弧焊钢管制造过程监造，同类钢管可参照使用。

1.1.3 本大纲中具体技术要求如与采购技术文件不一致时，原则上应以采购技术文件为准。

1.2 监造工作的基本要求。

1.2.1 监造人员要求。

1.2.1.1 监造人员应与所在监造单位有正式劳动合同关系。

1.2.1.2 监造人员应严格依据监造委托合同，履行监造职责，完成监造任务。

1.2.1.3 监造人员应持有不低于中国设备监理协会颁发的专业设备监理师资格证书，监造人员有二年（或以上）的监造业务经验，在相应专业岗位工作三年以上。

1.2.1.4 监造人员应熟悉监造物资的制造工艺，掌握制造过程中的质量技术要求和检验试验关键控制点。

1.2.1.5 监造人员在监造活动过程中应遵守有关保密约定和规定。

1.2.1.6 监造人员应遵守制造厂HSSE或安全生产管理制度的相关规定，严格执行劳保着装和安全防护要求。

1.2.2 监造工作程序。

1.2.2.1 监造人员在开始监造的10个工作日内，对制造厂的人员资质、生

产工艺、装备能力和质保体系运行情况进行检查和评估，并向委托方提供质量风险评估报告，明确风险等级（高、中、低、无）。

1.2.2.2　监造单位在收到采购技术文件后，10个工作日内编制完成《监造大纲》。

1.2.2.3　监造单位在获得设计相关图纸、制造工艺、质量控制计划、生产进度计划后，15日内编制完成《监造实施细则》。

1.2.2.4　监造人员应配备必要的用于平行检查且检定合格的检测器具。

1.2.2.5　监造人员应按委托方的通知或有关要求参加或组织召开预检验会议，与制造厂对接确定检验试验计划和质量控制点，并经委托方确认。

1.2.2.6　监造人员应组织制造厂质量、技术、生产及经营（项目管理）等相关部门召开监理周例会，通报监造工作情况，协调解决质量进度问题，结合生产进度计划安排后续监造工作，并形成会议纪要。

1.2.2.7　监造人员在监造实施过程中，如发现质量隐患、质量问题以及可能影响交货期的重大因素时，应及时报委托方，并以书面形式通知制造厂，要求制造厂采取有效措施予以整改，若制造厂延误或拒绝整改时，可责令其停工。

1.2.2.8　对于原材料、外购件以及外协加工、外协检测和外协检验试验等过程，监造人员应重点审查质量证明文件、外协单位资质、人员资质、工艺文件和检验试验报告等。并依据监造实施细则和检验试验计划中设置的监造访问点，实施质量控制。

1.2.2.9　实施监造的物资经现场监造人员确认符合标准规范和订单约定后按发货批次开具监造放行单，并报委托方。

1.2.2.10　全部监造工作完成后，应于30日内完成监造总结报告交付委托方。

1.3　监造单位应提交的文件资料。

1.3.1　目录（含页码）（必须）。

1.3.2　产品质量监造报告书（必须）。

1.3.3　监造工作总结（必须）。

1.3.4　监造大纲（必须）。

1.3.5　监造实施细则（必须）。

1.3.6　监造周报（必须）。

1.3.7　设计变更通知及往来函件（如有）。

1.3.8　监造工作联系单（如有）。

1.3.9　监造工程师通知单（如有）。

1.3.10　会议纪要（如有）。

1.3.11　监造放行单（必须）。

1.4　主要编制依据。

1.4.1　TSG D0001 压力管道安全技术监察规程—工业管道。

1.4.2　GB/T 9711 石油天然气工业管线输送用钢管。

1.4.3　GB/T 26429 设备工程监理规范。

1.4.4　ISO 9712 无损检测－无损检测人员的资格鉴定与认证。

1.4.5　ISO 10893 钢管的无损检测。

1.4.6　API SPEC 5L 管线钢管规范。

1.4.7　Q/SHCG 18001.2—2016 天然气输送管道用钢管技术条件　第2部分：埋弧焊钢管。

1.4.8　Q/SHCG 18002.1—2016 天然气输送管道用钢材技术条件　第1部分：热轧钢板。

1.4.9　Q/SHCG 18002.2—2016 天然气输送管道用钢材技术条件　第2部分：热轧卷板。

1.4.10　Q/SHCG 18004.2—2016 原油输送管道用钢管技术条件　第2部分：埋弧焊钢管 Q/SHCG 18005.1—2016 原油输送管道用钢材技术条件　第1部分：热轧钢板。

1.4.11　Q/SHCG 18005.2—2016 原油输送管道用钢材技术条件　第2部分：热轧卷板。

1.4.12　Q/SHCG 18006.2-2016 成品油输送管道用钢管技术条件　第2部分：埋弧焊钢管。

1.4.13　采购技术文件。

2 原材料

2.1 制管用钢材（钢板或卷板）材料质证书审查。

2.1.1 制管用卷板、钢板应用热机械控轧工艺（TMCP）生产。

2.1.2 钢材应为吹氧转炉或电炉冶炼并经真空脱气、钙和微钛处理的细晶粒纯净镇静钢，晶粒度级别按标准或采购技术文件要求。

2.1.3 钢中A、B、C、D类非金属夹杂物检验方法按ASTM E45A方法进行，带状组织评定按ASTM E1268方法进行，检验结果应符合采购技术文件的规定。

2.1.4 钢材的化学成分熔炼分析和成品分析应符合采购技术文件的规定。

2.1.5 钢材的力学性能（含拉伸性能、弯曲试验、断裂韧性、硬度试验）应符合采购技术文件的规定。

2.1.6 制造钢管用钢板或卷板不应含有任何补焊焊缝，制管过程管体母材也不允许进行补焊。

2.2 钢板尺寸检查。

2.2.1 钢材的厚度、宽度尺寸应符合采购技术文件的规定。

2.2.2 制造螺旋缝钢管用卷板的宽度不应小于钢管外径的1.0倍，且不得大于钢管外径的2.5倍。

2.3 钢板表面检查。

所有钢材表面应清洁光滑，不允许有重皮、裂纹、结疤、折叠、气泡、夹杂等对使用有害的缺陷存在。

2.4 钢材复验。

2.4.1 钢材到制造商后，制造商应进行理化检验，检验比例按采购技术文件执行，检验结果应符合采购技术文件的规定。

2.4.2 制管用钢板、卷板采用多平行带或格子扫描方式进行检查，扫描至少应能覆盖表面的25%。钢板侧边25mm或钢管焊缝两侧25mm范围内应100%进行检查。

3 焊接

3.1 焊接工艺评定审查。

3.1.1 制管开始之前，制造商应完成制管焊接工艺的评定。制管的焊接工艺评定应在制管用钢材上进行试验，也可采用厚度相同、钢级相同、碳当量与用于制管的钢板碳当量相同或更高的钢板或钢管上进行。

3.1.2 焊接工艺由制造商制定，所有焊接工艺评定结果应提交购方认可。

3.1.3 试验项目和试样数量应符合采购技术文件或相关标准的规定。

3.2 焊接过程检查。

3.2.1 钢管焊接前，检查焊材牌号、焊材烘干制度、焊接方法、预热温度、焊工资质等，检测结果应符合制造工艺规范的规定。检查坡口角度、钝边等参数，检测结果应符合MPS文件的规定。

3.2.2 钢管焊接时，抽查焊接电流、焊材牌号、焊材烘干制度、焊接方法、预热温度、焊工资质等，检测结果应符合制造工艺规范的规定。

3.2.3 钢管焊接后，检查焊缝余高、咬边、内外焊缝重合量、焊缝噘嘴、焊偏等项目，检测结果应符合制造工艺规范的规定。

4 首批检验

4.1 同一工程、同一规格、同一钢级、同一生产工艺的钢管，正式生产前需进行首批检验，生产过程中，制造工艺发生变化时也应重新进行首批检验。

4.2 首批检验样管应由购方代表或购方委托的监督人员在首次生产的成品钢管中抽取。

4.3 首批检验抽样。

从首次生产的两个熔炼炉次的钢管中各抽取5根钢管。

4.4 首批检验的检验项目。

4.4.1 从抽取的10根钢管中，每炉各抽取1根钢管进行最小屈服强度100%的补充静水压试验。

4.4.2 抽取的10根钢管，均应进行外观质量及尺寸、无损检测、静水压试验。

4.4.3 从抽取的10根钢管中，每炉各抽取2根钢管进行化学成分分析、拉伸试验、夏比冲击、DWTT、维氏硬度、导向弯曲、金相检验、残余应力控制试验（仅对螺旋缝钢管）。

4.5 若首次检验的结果不符合要求，允许进行复验，具体按照采购技术文件或标准要求。

5 生产过程控制试验

5.1 制造商应按下述要求进行钢管生产过程控制试验，并提交试验报告：

5.1.1 同一制造工艺生产一定批量钢管后（一般规定多于5000t时，则每20000t钢管进行一次；订货质量不是20000t的整倍数时，以20000t圆整）；

5.1.2 钢管制造工艺发生变化时；

5.1.3 钢管出现重大质量问题时。

5.2 生产过程控制试验抽样。

从首次生产的两个熔炼炉次的钢管中各抽取5根钢管。

5.3 生产过程控制试验检验项目。

5.3.1 从抽取的10根钢管中，每炉各抽取1根钢管进行化学成分分析、拉伸试验、夏比冲击、DWTT、晶粒尺寸、夹杂物、带状组织、显微照相、焊缝试验；其中焊缝试验应包括化学成分、拉伸实验、导向弯曲、夏比冲击、横向截面维氏硬度、低倍组织、显微组织、焊接接头尺寸测量等检验项目。

5.3.2 抽取的10根钢管，均应进行外观质量及尺寸、无损检测、静水压试验。

5.4 钢管生产过程控制试验结果不合格，制造商应及时报告购方，查明不合格原因以及不合格对已生产产品的影响范围，并与购方协商处理，提出改进措施，重新评定合格后方可进行生产。

6 无损检测

6.1 每一根钢管焊缝全长应进行无损检测。

6.2 静水压试验前应按API SPEC 5L及采购技术文件的规定进行100%X射线

拍片检测或灵敏度优于4%的X射线工业电视检测；静水压试验后应按API SPEC 5L及采购技术文件的规定进行100%X超声波检测。

6.3 如在线超声波检测存在盲区，则至少在距管端300mm范围内应用手动超声波检测。

6.4 每根钢管管端端面应采用专用超声波、渗透或磁粉法进行检测。

6.5 所有无损检测人员都应进行资格鉴定，资质证书在有效期内。

7 静水压试验

7.1 每根钢管均应进行静水压试验，试验过程中焊缝和管体应无泄漏，试验后应无形状变化或管壁鼓起。

7.2 管径≤914㎜的钢管，静水压试验的稳压时间至少应保持10s；管径＞914㎜的钢管，静水压试验的稳压时间至少应保持15s。

7.3 静水压试验应记录试验压力与时间曲线，记录应能追踪到管号和熔炼炉次的编号。

7.4 静水压试验压力按标准和采购技术文件规定。

7.5 同一规格的钢管应抽取一根进行静水压爆破试验；实际爆破压力值应不低于按公称尺寸和母材抗拉强度最小值计算得出的理论爆破压力值。

8 几何尺寸及外观

8.1 尺寸检查。

用钢卷尺、壁厚千分尺、超声波测厚仪、塞尺及细钢丝绳等检测工具，检测钢管的周长、错边、直径、圆度、壁厚、长度、直度、管端坡口等参数，检测结果应符合MPS和采购技术文件的规定。

8.2 外观质量检查。

8.2.1 钢管所有内外表面应进行外观检查。

8.2.2 外观检查应由检查和评定表面缺欠培训合格的人员在充足的光线条件下进行。

8.2.3 所有钢管的内外表面应清洁光滑，不允许有重皮、裂纹、结疤、折叠、气泡、夹杂等对使用有害的缺陷。

8.2.4 检查钢管有无凹痕、咬边、分层、电弧烧伤、硬块等缺陷，缺陷接受与否按采购技术文件的规定执行。

8.3 工艺质量检查。

检查钢管焊缝有无错边、熔深不够、焊偏、焊缝余高超差、焊缝嘬嘴等缺陷，缺陷接受与否按采购技术文件的规定执行。

9 钢管标志及保护性涂层

9.1 标志。

9.1.1 钢管外表面距管端450mm处开始，内表面距管端150mm处开始，在钢管内外表面做标志。

9.1.2 钢管外表面标志内容、顺序、符号及要求应符合API SPEC 5L的规定。内表面标志内容至少应包括管号、外径、壁厚、钢级。当采购技术文件有规定时，按采购技术文件规定执行。

9.2 保护性涂层。

9.2.1 一般情况下，钢管应以不涂层（光管）方式交货，钢管上不得涂有外保护层。

9.2.2 如购方要求，在潮湿或其它腐蚀性环境下需长期存放的钢管，表面应进行临时涂层保护。涂敷临时保护涂层后，标记应清晰可辨。

10 包装和运输

10.1 钢管装运。

10.1.1 钢管装运应制定并遵守装运程序和装载图标，装载方案应能防止管端损伤、擦伤、撞击和疲劳开裂。装运应符合公路、铁路、水运、海运等运输有关的法规、规范、标准和推荐做法。

10.1.2 装运过程不应造成钢管损伤、碰伤、局部受力疲劳和严重腐蚀，不应造成钢管标志无法识别并避免各种污染（如铜污染、油污染等）。

10.1.3 成品钢管不允许套装发运。

10.2　管端保护。

钢管管端应加管端保护器，采购技术文件另有规定时按采购技术文件规定执行。

11　质量证明书审查

审查制造商向购方提供的产品质量证明书，质量证明书内容应符合标准和采购技术文件。质量证明书副本数量按照采购技术文件要求。

12　其它检查

其它特殊要求按采购技术文件执行。

13　长输管道用埋弧焊焊管驻厂监造主要控制点

13.1　文件见证点（R）：由监造人员对设备材料制造过程有关文件、记录或报告进行见证而预先设定的监造质量控制点。

13.2　现场见证点（W）：由监造人员对设备材料制造过程、工序、节点或结果进行现场见证而预先设定的监造质量控制点，且应包括相关文件见证点（R）质量控制内容。

13.3　停止点（H）：由监造人员见证并签认后才可转入下一个过程、工序或节点而预先设定的监造质量控制点，应包括相关现场见证点（W）和文件见证点（R）质量控制内容。

序号	零部件及工序名称	监造内容	文件见证点（R）	现场见证点（W）	停止点（H）
1	资质及制造厂加工能力审查	1. 制造商资质证书	R		
		2. 制造商质量体系认证书	R		
		3. 制造商质量手册、质量体系程序文件等	R		
		4. 制造商钢管生产相应的企业工艺技术标准	R		
		5. 制造商钢管制造工艺规范（MPS）、PQR、WPS、生产工艺技术文件，质量保证措施，进度计划等	R		
		6. 制造商检测、检验、试验人员的资质	R		

（续表）

序号	零部件及工序名称	监造内容	文件见证点（R）	现场见证点（W）	停止点（H）
1	资质及制造厂加工能力审查	7. 制造商用于钢管生产、检测、检验、试验的设备器具清单及检定周期		W	
2	原材料检查	1. 质量证明书及制造商复验报告审查		W	
		2. 尺寸检查		W	
		3. 外观检查		W	
		4. 焊材质量证明书及复验报告审查		W	
3	钢管成型及焊接	1. 板材上料、标记移植		W	
		2. 坡口加工检查		W	
		3. 成型检查（组对间隙、错边量等）		W	
		4. 尺寸初检（外径、壁厚、圆度、长度、直度等）		W	
		5. 焊接过程检查（焊材选用、焊接参数控制、操作焊工资格确认）		W	
		6. 焊后检查（焊缝成型质量、焊缝宽度、焊缝余高等）		W	
		7. 焊缝返修		W	
		8. 冷定径（直缝焊管全长冷扩径，螺旋焊管按照工艺文件要求）		W	
4	机加工	1. 管端余量切除		W	
		2. 机加工坡口		W	
		3. 最终尺寸检查（长度、坡口、内锥角）		W	
5	无损检测	1. 每根钢管焊缝全长焊缝RT检测或X射线工业电视检测		W	
		2. 焊缝返修（如有）		W	
		3. 静水压试验后，每根钢管焊缝全长UT检测		W	
		4. 无损检测报告审查	R		
6	首批检验	1. 钢管取样位置			H
		2. 化学成分			H
		3. 拉伸试验			H
		4. 夏比冲击（管体横向、焊缝及热影响区）			H
		5. 导向弯曲试验			H

（续表）

序号	零部件及工序名称	监造内容	文件见证点（R）	现场见证点（W）	停止点（H）
6	首批检验	6. DWTT			H
		7. 维氏硬度			H
		8. 金相检验			H
		9. 静水压试验			H
		10. 无损检测			H
		11. 尺寸、外观检查			H
		12. HIC 试验（如有）	R		
		13. 残余应力控制试验（仅对螺旋缝钢管）			H
		14. 首批检验报告			H
7	生产过程控制试验	1. 钢管取样位置		W	
		2. 化学成分		W	
		3. 拉伸试验		W	
		4. 夏比冲击试验		W	
		5. DWTT		W	
		6. 维氏硬度		W	
		7. 晶粒度		W	
		8. 夹杂物		W	
		9. 带状组织		W	
		10. 金相检验		W	
		11. 焊缝试验		W	
		12. 残余应力控制试验（仅对螺旋缝钢管）		W	
		13. 静水压试验		W	
		14. 无损检测	R		
		15. 尺寸、外观检查		W	
		16. 剩磁检测（如有）	R		
8	标志	1. 外表面按 API 5L		W	
		2. 内表面包含管号、外径、壁厚、钢级或按照采购技术文件规定		W	
9	包装和运输	1. 装运方案审查	R		

（续表）

序号	零部件及工序名称	监造内容	文件见证点（R）	现场见证点（W）	停止点（H）
9	包装和运输	2. 装运过程不应造成钢管损伤、碰伤、局部受力疲劳和严重腐蚀，不应造成钢管标志无法识别并避免各种污染（如铜污染、油污染等）		W	
		3. 制造商应提交准备采用的存放（堆放和固定钢管）方法及其图纸供购方认可	R		
		4. 管端应加管端保护器		W	
10	质量证明书	按照采购技术文件要求，内容齐全、正确、清晰	R		

长输管道用热煨弯管监造大纲

目　录

前　言

《长输管道用热煨弯管监造大纲》是参照GB/T 1.1—2009《标准化工作导则　第1部分：标准的结构和编写》给出的规则起草。

本大纲由中国石油化工集团有限公司物资装备部提出。

本大纲为首次发布。

本大纲起草单位：合肥通安工程机械设备监理有限公司。

本大纲起草人：杨景、陈明健、周钦凯、王勤。

长输管道用热煨弯管监造大纲

1 总则

1.1 内容和适用范围。

1.1.1 本大纲主要规定了采购单位（或使用单位）对长输管道用热煨弯管（指感应加热弯管）制造过程监造的基本内容及要求，是委托驻厂监造的主要依据。

1.1.2 本大纲适用于石油化工工业长输管道用热弯弯管制造过程监造，同类弯管可参照使用。

1.1.3 油气集输与长输管道工程用其它弯管按照相应的管件制造过程质量验收检验大纲执行。

1.1.4 本大纲中具体技术要求如与采购技术文件不一致时，原则上应以采购技术文件为准。

1.2 监造工作的基本要求。

1.2.1 监造人员要求。

1.2.1.1 监造人员应与所在监造单位有正式劳动合同关系。

1.2.1.2 监造人员应严格依据监造委托合同，履行监造职责，完成监造任务。

1.2.1.3 监造人员应持有不低于中国设备监理协会颁发的专业设备监理师资格证书，监造人员有二年（或以上）的监造业务经验，在相应专业岗位工作三年以上。

1.2.1.4 监造人员应熟悉监造物资的制造工艺，掌握制造过程中的质量技术要求和检验试验关键控制点。

1.2.1.5 监造人员在监造活动过程中应遵守有关保密约定和规定。

1.2.1.6　监造人员应遵守制造厂HSSE或安全生产管理制度的相关规定，严格执行劳保着装和安全防护要求。

1.2.2　监造工作程序。

1.2.2.1　监造人员在开始监造的10个工作日内，对制造厂的人员资质、生产工艺、装备能力和质保体系运行情况进行检查和评估，并向委托方提供质量风险评估报告，明确风险等级（高、中、低、无）。

1.2.2.2　监造单位在收到采购技术文件后，10个工作日内编制完成《监造大纲》。

1.2.2.3　监造单位在获得设计相关图纸、制造工艺、质量控制计划、生产进度计划后，15日内编制完成《监造实施细则》。

1.2.2.4　监造人员应配备必要的用于平行检查且检定合格的检测器具。

1.2.2.5　监造人员应按委托方的通知或有关要求参加或组织召开预检验会议，与制造厂对接确定检验试验计划和质量控制点，并经委托方确认。

1.2.2.6　监造人员应组织制造厂质量、技术、生产及经营（项目管理）等相关部门召开监理周例会，通报监造工作情况，协调解决质量进度问题，结合生产进度计划安排后续监造工作，并形成会议纪要。

1.2.2.7　监造人员在监造实施过程中，如发现质量隐患、质量问题以及可能影响交货期的重大因素时，应及时报委托方，并以书面形式通知制造厂，要求制造厂采取有效措施予以整改，若制造厂延误或拒绝整改时，可责令其停工。

1.2.2.8　对于原材料、外购件以及外协加工、外协检测和外协检验试验等过程，监造人员应重点审查质量证明文件、外协单位资质、人员资质、工艺文件和检验试验报告等。并依据监造实施细则和检验试验计划中设置的监造访问点，实施质量控制。

1.2.2.9　实施监造的物资经现场监造人员确认符合标准规范和订单约定后按发货批次开具监造放行单，并报委托方。

1.2.2.10　全部监造工作完成后，应于30日内完成监造总结报告交付委托方。

1.3　监造单位应提交的文件资料。

1.3.1　目录（含页码）（必须）。

1.3.2　产品质量监造报告书（必须）。

1.3.3　监造工作总结（必须）。

1.3.4　监造大纲（必须）。

1.3.5　监造实施细则（必须）。

1.3.6　监造周报（必须）。

1.3.7　设计变更通知及往来函件（如有）。

1.3.8　监造工程师通知单（如有）。

1.3.9　监造工作联系单（如有）。

1.3.10　会议纪要（如有）。

1.3.11　监造放行单（必须）。

1.4　主要编制依据。

1.4.1　GB/T 9711 石油天然气工业管线输送用钢管。

1.4.2　GB/T 26429 设备工程监理规范。

1.4.3　NB/T 47013 承压设备无损检测。

1.4.4　SY/T 5257 油气输送用钢制感应加热弯管。

1.4.5　API Spec 5L 管线钢管规范。

1.4.6　Q/SHCG 18011—2016 天然气输送管道用感应加热弯管采购技术规范。

1.4.7　采购技术文件。

2　原材料

2.1　审查母管制造商提供的质量证明书。感应加热弯管母管应采用无缝钢管（SMLS）、直缝埋弧焊钢管（SAWL），母管应符合油气管道工程感应加热弯管母管通用技术条件的要求，也可选用经过工艺验证试验证明可满足弯管综合性能要求，并经业主认可的材料。

2.2　对母管长度进行检查。对接管不能用于制造感应加热弯管。当弯管角度较大，采用定尺长度的母管不能满足弯管生产时，应采用定尺长度加长的母管进行弯管生产；或者与管道设计、施工等负责部门协调，在母管壁厚满足设计要求的前提下，选用较小弯曲半径的弯管替代原设计感应加热弯管。

2.3 审查母管复验报告。母管进厂后，弯管制造商应按其批号、规格和技术资料等进行验收，并对钢管原材料的外观、几何尺寸和理化性能等进行复验。

2.4 对弯管用母管表面进行检查。表面应无油污。钢管在制造、搬运、装卸过程中不允许与低熔点金属（Cu、Zn、Sn、Pb等）接触，否则应采用适当的方法（如喷砂）清除。

2.5 母管壁厚应具有足够的裕量以满足由于感应加热弯制带来的外弧侧壁厚的减薄。

2.6 不允许对母管管体进行补焊。

2.7 不允许采用废旧母管进行弯制。

3 制造工艺规范及评定

3.1 审查制造厂MPS。制造厂在正式批量生产之前，应按照SY/T 5257和采购技术文件的规定制订弯管制造工艺规范（MPS）并进行评定。对已生产过的钢号和规格的弯管，制造厂可以向购方提供已有的MPS及评定结果，经业主认可后可不再进行MPS评定。

3.2 制造厂如对已提交的MPS等文件有变更，应立即以书面资料方式报告购方认可。

4 弯制

4.1 首批生产的弯管应按照要求进行首批检验，首批检验合格后方可进行正式生产。

4.2 采用直缝埋弧焊管生产弯管时，其纵焊缝应放置在弯管的内弧侧，距壁厚基本不变的中性线5°～10° 范围内。

4.3 弯管两端应保留一定长度（L）的直管段，直管段长度应符合SY/T

5257要求。若设计图有规定时，按设计图规定。

4.4　弯管制造过程中弯制应连续不间断进行，不允许中断。

4.5　弯管可采用整体加热或局部加热两种工艺方式进行生产，具体按照采购技术文件要求执行。

4.6　在弯制生产过程中，每一根弯管表面应有编号标识。

5　无损检测

5.1　无损检测作业人员应持有相应类（级）别的有效资格证书。

5.2　每根弯管焊缝全长均要进行100%UT或RT检测，按采购技术文件规定验收。

5.3　管体表面应进行磁粉或液体渗透检测，不允许深度大于规定厚度5%的缺陷存在。管体应进行超声检测，不允许有裂纹缺陷存在。

5.4　弯管坡口制备后，应对每个管口及管口开始的100mm长度范围内进行磁粉或渗透检测。弯管管口开始的50mm长度范围内采用手动超声检测方法进行分层检查。

5.5　对管体表面缺陷允许修磨处理，修磨后应进行超声测厚，修磨区域应进行磁粉或渗透检测。

5.6　剩磁强度检查按照采购技术文件要求。

6　热处理

6.1　L415/X60及以上强度级别或处于酸性环境的弯管应进行弯后回火或消除应力等热处理，L390/X56及以下强度级别的弯管应根据弯管综合性能和所选用材料特性由采购技术文件确定是否进行弯后热处理。

6.2　审查制造厂热处理工艺文件。

6.3　检查制造厂热处理设备与仪表。

6.4　审查热处理曲线及热处理报告。

6.5　硬度检查。

7　几何尺寸及外观

7.1　弯管表面不得有裂纹、过热、过烧、硬点等现象存在。

7.2　弯管内外表面应光滑，无有损强度及外观的缺欠，如结疤、划痕、重皮等。检查发现的缺欠应修磨，并对修磨处进行PT或MT检测，确认缺欠完全清楚并进行测厚，最小剩余壁厚应满足要求。

7.3　检查弯管壁厚减薄率、弯曲角。

7.4　检查弯管端部坡口、外径、圆度（弯管直管段用周长法测量）。

7.5　检查管体圆度、凹痕、波浪度和波浪间距。

7.6　检查弯管弯曲半径、弯管平面度、端面平面度、端面垂直度、弯管直管段长度。

8　试验与检验

8.1　首批生产的弯管应按照标准或采购技术文件进行弯管性能试验和检验，合格后方可进行正式生产。

8.2　同一批钢管材料，同一制造工艺生产的同曲率半径、同壁厚弯管方可组成一个检验批次，样本数量不多于50根或按照采购技术文件要求。弯后回火或消除应力热处理时，允许弯曲角度不同的同一批次、同热处理工艺参数的弯管分批装炉或分炉热处理，试验和检验用样件应编入检验批内，并按照标准或采购技术文件规定进行弯管性能试验与检验。

8.3　设计验证或静水压力试验按照采购技术文件要求。

8.4　HIC和SSC试验按照采购技术文件要求。

9　标志

9.1　距管端150mm处开始，按制造商方便的顺序（当采购技术文件有规定时，按采购技术文件规定）在弯管内外表面做标志。

9.2　标志宜采用喷涂或书写的方法，不允许采用冷、热字冲模锤印标志。

10　运输、储存及防护

10.1　弯管应以不涂层（光管）方式交货，若业主有要求时弯管应优先按采购技术文件规定要求交货。

10.2　在车间和发货场的搬运应采用尼龙吊带或带有软金属（不允许用铜及其合金）的吊钩。制造商应向购方提交书面的搬运方法供购方认可。

10.3　成品弯管的存放应能防止变形、破坏和腐蚀。制进商应向购方提交书面的存放方法供购方认可。

10.4　制造商应在装运之前提交完整的装运方法说明供认可之用。装运至少应符合铁路运输、公路运输或海运的要求。所提出的方法应包括必要的计算方法并表示出堆放布置图、承重带位置、垫块和系紧带等。

10.5　弯管在存放、装卸和运输时应注意操作，以避免损坏。弯管坡口应用管帽保护，运输途中不得脱落。

10.6　弯管的焊缝不应与隔离块的任何部分相接触。埋弧焊缝不能与铁路车厢和卡车或拖车的任何部分相接触。

10.7　在相邻弯管之间不应有金属与金属的接触。对于所有弯管，在弯管与系紧链之间或弯管与隔板之间不应有直接的硬接触。

10.8　卡车或拖车在装运弯管之前应予以清理。

11　长输管道用热弯弯管驻厂监造主要质量控制点

11.1　文件见证点（R）：由监造人员对设备材料制造过程有关文件、记录或报告进行见证而预先设定的监造质量控制点。

11.2　现场见证点（W）：由监造人员对设备材料制造过程、工序、节点或结果进行现场见证而预先设定的监造质量控制点，且应包括相关文件见证点（R）质量控制内容。

11.3　停止点（H）：由监造人员见证并签认后才可转入下一个过程、工序或节点而预先设定的监造质量控制点，应包括相关现场见证点（W）和文件见证点（R）质量控制内容。

（续表）

序号	零部件及工序名称	监造内容	文件见证点（R）	现场见证点（W）	停止点（H）
1	制造厂资质及能力审查	1. 压力管件生产许可证、质量控制体系等审查	R		
		2. 理化检验、无损检测等人员资质审查	R		
		3. 制造厂弯管制造的装备能力（机床、弯管机、热处理炉等）、试验设备、检验工具、仪表等审查		W	
2	文件审查	1. 弯管生产工艺文件审查	R		
		2. 弯管质量控制程序和检验计划审查	R		
		3. 弯管热处理工艺审查	R		
3	原材料检查	1. 质量证明书（化学成分、力学性能、交货状态、无损检测等）审查	R		
		2. 外观及标记		W	
		3. 原材料复验		W	
4	弯管成型	1. 下料、标记移植		W	
		2. 成型（弯制过程不允许间断）		W	
		3. 尺寸初检（外径、壁厚、圆度、弯曲角度及曲率半径、平面度等）		W	
5	回火热处理（消除应力热处理）	1. 热处理前检查		W	
		2. 入炉检查，弯管摆放位置、热电偶数量及布置情况等		W	
		3. 热处理过程见证（入炉温度、升温速度、保温时间、降温速度、出炉温度等）		W	
		4. 热处理曲线及报告审查	R		
		5. 硬度检查		W	
6	机加工	1. 管端余量切除		W	
		2. 机加工坡口		W	
		3. 最终尺寸检查（外径、壁厚、圆度、弯曲角度及曲率半径、平面度、管端垂直度、坡口等）		W	
7	无损检测	1. 无损检测方法和工艺审查	R		
		2. 喷砂或打磨弯管表面氧化皮去除检查		W	
		3. 弯管磁粉检测	R		
		4. 弯管超声检测	R		
		5. 坡口磁粉或渗透检测	R		

（续表）

序号	零部件及工序名称	监造内容	文件见证点（R）	现场见证点（W）	停止点（H）
7	无损检测	6. 超标缺陷研磨（不可补焊）检查		W	
		7. 无损检测报告审查	R		
8	首批检验	1. 外观、尺寸检查			H
		2. 无损检测			H
		3. 拉伸、冲击、硬度、导向弯曲、金相等监控取样、标记、加工，见证试验			H
		4. 设计验证或静水压力试验			H
		5. 首批检验报告审查			H
9	成品弯管外观及尺寸检查	1. 外观		W	
		2. 尺寸、几何形状检查		W	
10	钢管性能试验	1. 管端分层、裂纹无损检测、坡口磁粉或液体渗透检测（每根）	R		
		2. 拉伸、冲击、硬度、导向弯曲、金相等监控取样、标记、加工，见证试验（每批）		W	
		3. 剩磁检查（如需要）		W	
		4. HIC 和 SSC 试验（如需要）	R		
11	标志及涂层保护	1. 采用模板喷刷法		W	
		2. 包含外径、名义厚度、钢级、弯曲半径、弯曲角度、购方名称或代号、弯管编号、制造商名称或商标		W	
		3. 弯管应以光管方式交货，不得涂外保护层		W	
12	运输、储存及防护	1. 搬运应采用尼龙吊带或有软金属的吊钩，不允许用铜及其合金		W	
		2. 存放应防止变形、破坏和腐蚀，弯管坡口用管帽保护		W	
		3. 弯管焊缝不应与隔离块任何部分接触，也不能与铁路车厢、卡车或拖车任何部位接触。相邻弯管直接不能有直接硬接触		W	
		4. 卡车或拖车装运弯管前应清理		W	
13	交工资料	按采购技术文件规定	R		

高含铬油管和套管监造大纲

目　录

前 言

《高含铬油管和套管监造大纲》是参照GB/T 1.1—2009《标准化工作导则 第1部分：标准的结构和编写》给出的规则起草。

本大纲由中国石油化工集团有限公司物资装备部提出。

本大纲为首次发布。

本大纲起草单位：陕西威能检验咨询有限公司。

本大纲起草人：赵峰、魏嵬、张平、李楠。

高含铬油管和套管监造大纲

1 总则

1.1 内容和适用范围。

1.1.1 本大纲主要规定了采购单位（或使用单位）对高含铬油管、套管制造过程监造的基本内容及要求，是委托驻厂监造的主要依据。

1.1.2 本大纲适用于油气井管柱使用的高含铬油管、套管制造过程监造。非高含铬油管、套管可在去除含铬检验项目后参考使用。

1.1.3 本大纲中具体技术要求如与采购技术文件不一致时，原则上应以采购技术文件为准。

1.2 监造工作的基本要求。

1.2.1 监造人员要求。

1.2.1.1 监造人员应与所在监造单位有正式劳动合同关系。

1.2.1.2 监造人员应严格依据监造委托合同，履行监造职责，完成监造任务。

1.2.1.3 监造人员应持有不低于中国设备监理协会颁发的专业设备监理师资格证书，监造人员有二年（或以上）的监造业务经验，在相应专业岗位工作三年以上。

1.2.1.4 监造人员应熟悉监造物资的制造工艺，掌握制造过程中的质量技术要求和检验试验关键控制点。

1.2.1.5 监造人员在监造活动过程中应遵守有关保密约定和规定。

1.2.1.6 监造人员应遵守制造厂HSSE或安全生产管理制度的相关规定，严格执行劳保着装和安全防护要求。

1.2.2 监造工作程序。

1.2.2.1 监造人员在开始监造的10个工作日内，对制造厂的人员资质、制造厂资质、生产工艺、装备能力和质保体系运行情况进行检查和评估，并向委托方提供质量风险评估报告，明确风险等级（高、中、低、无）。

1.2.2.2 监造单位在收到采购技术文件后，10个工作日内编制完成《监造大纲》。

1.2.2.3 监造单位在获得设计相关图纸、制造工艺、质量控制计划、生产进度计划后，15日内编制完成《监造实施细则》。

1.2.2.4 监造人员应配备必要的用于平行检查且检定合格的检测器具。

1.2.2.5 监造人员应按委托方的通知或有关要求参加或组织召开预检验会议，与制造厂对接确定检验试验计划和质量控制点，并经委托方确认。

1.2.2.6 监造人员应组织制造厂质量、技术、生产及经营（项目管理）等相关部门召开监理周例会，通报监造工作情况，协调解决质量进度问题，结合生产进度计划安排后续监造工作，并形成会议纪要。

1.2.2.7 监造人员在监造实施过程中，如发现质量隐患、质量问题以及可能影响交货期的重大因素时，应及时报委托方，并以书面形式通知制造厂，要求制造厂采取有效措施予以整改，若制造厂延误或拒绝整改时，可责令其停工。

1.2.2.8 对于原材料、外购件以及外协加工、外协检测和外协检验试验等过程，监造人员应重点审查质量证明文件、外协单位资质、人员资质、工艺文件和检验试验报告等。并依据监理实施细则和检验试验计划，设置必要的监造访问点实施质量控制。

1.2.2.9 实施监造的物资经现场监造人员确认符合标准规范和订单约定后按发货批次开具监造放行单，并报委托方。

1.2.2.10 全部监造工作完成后，应于30日内完成监造总结报告交付委托方。

1.3 监造单位应提交的文件资料。

1.3.1 目录（含页码）（必须）。

1.3.2 产品质量监造报告书（必须）。

1.3.3 监造工作总结（必须）。

1.3.4　监造大纲（必须）。

1.3.5　监理实施细则（必须）。

1.3.6　设计变更通知及往来函件（如有）。

1.3.7　监造工作联系单（如有）。

1.3.8　监造工程师通知单（如有）。

1.3.9　会议纪要（如有）。

1.3.10　监造放行单（必须）。

1.3.11　监造周报(必须)。

1.4　主要编制依据。

1.4.1　GB/T 26429 设备工程监理规范。

1.4.2　GB/T 9253.2 石油天然气工业 套管、油管和管线管螺纹的加工、测量和检验。

1.4.3　GB/T 19830 石油天然气工业 油气井套管或油管用钢管。

1.4.4　API SPEC 5B 套管、油管和管线管螺纹的加工、测量和检验规范。

1.4.5　API SPEC 5CT 套管和油管规范。

1.4.6　API RP 5C1 套管和油管的维护与使用推荐作法。

1.4.7　API RP 5A3 套管、油管和管线管用螺纹脂推荐作法。

1.4.8　ANSI-NACE TM0177 H_2S环境中金属抗硫化物应力开裂和应力腐蚀、开裂的实验室试验。

1.4.9　ASTM A370 钢制品力学性能试验的标准试验方法和定义。

1.4.10　ASTM E23 金属材料缺口试样标准冲击试验方法。

1.4.11　Q/SHCG 18010—2016 普通套管和油管采购技术规范。

1.4.12　采购技术文件。

2　原材料

如果制造厂外购管体、接箍或接箍料，则按照外购外协件要求执行检验。

2.1　审查钢坯质量证明书。采购技术文件和标准要求的化学元素均应在试验中被检测。熔炼分析结果应符合采购技术文件和标准要求。

2.2 对钢坯进行外观检验，检查是否存在可见缩孔。

2.3 见证钢坯几何尺寸检验，包括直径、椭圆度、端面切斜。

2.4 检查钢坯追溯性，见证制造厂钢坯追溯编号移植、保持过程。

3 轧管检验

如果制造厂为外购管体、接箍或接箍料，则按照外购外协件要求执行检验。

3.1 检查投料过程，见证管坯的上料过程，检查坯料的炉号信息。

3.2 检查钢坯出炉温度，出炉温度应符合制造厂工艺文件。

3.3 检查芯棒及辊道表面状态、芯棒更换频率，芯棒及辊道表面不应存在污染及粘钢，更换频率应符合制造厂轧制工艺要求。

3.4 检查芯棒和导盘润滑状态。

3.5 检查钢管内外表面是否存在可见的折叠、直道、裂纹等缺陷。

3.6 可在此阶段对钢管外径、壁厚进行抽检。

4 热处理检验

如果制造厂对钢管不再进行热处理，则应按照外购外协件要求审核钢管热处理状态或交货状态。

4.1 见证管坯的装炉过程，检查追溯性信息。

4.2 检查热处理方式，确认热处理是否与采购技术文件和标准要求的交货状态一致。如果回火温度低于620℃时，L8013Cr可能产生脆化，如果试验满足要求，则无需采取进一步预防措施。

4.3 检查热处理温度及周期，检查热处理温度、步进周期与生产工艺要求是否存在偏差，审查热处理炉温曲线。

4.4 检查钢管升温速度、保温温度、保温时间、冷却方式。

4.5 见证热处理后矫直，检查矫直温度（若要求）。对于L8013Cr钢管，若矫直在480°以下进行，则应在辊痕处进行硬度检测，结果不应超过23HRC。

5 理化试验

如果制造厂外购管体、接箍，且不进行热处理，则按照外购外协件要求审查试验报告。本部分所涉及的试验项目应根据采购技术文件和标准要求进行适用。

5.1 取样频率、位置及方法。

5.1.1 检查试验取样频率。

5.1.2 见证试样取样过程（取样位置、方向、数量）。

5.1.3 如果采用气割进行取样，制造厂应保证样块留有足够机加工余量，避免气割对试样的影响。

5.2 化学成分分析。

5.2.1 检查试样追溯性标记。

5.2.2 检查试样表面加工处理状态。如进行光谱分析，应检查试块在设备中的安装情况，试验过程中不应存在漏气现象。

5.2.3 见证试验过程，审查试验结果。

5.3 力学性能。

5.3.1 检查试样追溯性标记。

5.3.2 检查试样外观，如表面存在影响力学性能试验结果的缺陷应重新进行取样制样。

5.3.3 见证试验过程，过程参数应符合 ASTM A370。

5.3.4 拉伸试验应检查加载速度，引伸计读数设置。

5.3.5 冲击试验应检查摆锤规格，空摆后指针归零是否准确。

5.3.6 硬度试验应检查加载力设置，加载时间。

5.3.7 力学性能试验结果应符合采购技术文件和标准要求。

5.3.8 试验应在采购技术文件和标准要求的温度下进行。

6 冷区钢管保护

检查生产高含铬钢管流水线中的台架、辊道。与钢管接触的台架、辊道表面应采用适当衬垫。

7 表面处理

7.1 钢管内外表面不应存在松动的氧化皮，依据采购技术文件和标准要求，可采用表面喷砂或喷丸清除钢管氧化皮。

7.2 如采用钢丸除锈，完成后管体不应残留钢丸，特殊材料应避免铁离子污染。

8 尺寸与外观

8.1 管体尺寸。

8.1.1 见证管体尺寸检验，包括外径、壁厚、管体直度、管端直度、长度。

8.1.2 尺寸检验结果应符合采购技术文件和标准要求。

8.2 接箍尺寸。

8.2.1 圆螺纹接箍应检查接箍长度、外径、镗孔直径、镗孔深度、承载面宽度、接箍镀层厚度。

8.2.2 偏梯形螺纹接箍应检查接箍长度、外径、镗孔直径、承载面宽度、接箍镀层厚度。

8.3 通径检验。

8.3.1 测量通径规尺寸，通径检验应使用圆柱形通径规，每班操作前应检查通径规的外径、长度及外表面质量，外径检测应包括通径规的头部、中部和尾部，结果应符合采购技术文件和标准要求。

8.3.2 见证通径检验过程，钢管应进行全长通径。

8.4 外观检验。

8.4.1 所有外观检验应由经过培训并对表面缺欠具有敏锐观察力的人员进行。检查表面的光照度不应低于500lx。

8.4.2 除端部区域检验外，所有外观检验可在制造过程中任何适当的节点进行，如有要求，外观检验应在所有热处理完成之后进行。

8.4.3 管体和接箍毛坯内外表面均应进行外观检验。

8.4.4　据钢管两端端面至少450mm范围内的外表面均应进行外观检验。

8.4.5　钢管内外表面缺欠不得使壁厚和外径超过负偏差，钢管内外表面不得有离层、直道、内折疤、内折叠、轧折、外折叠等缺陷存在，此类缺陷应完全消除，消除后不应使壁厚和外径超过负偏差。

9　无损检测

9.1　管体无损检测。

9.1.1　无损检测作业人员应持有相应类别、级别的有效资格证书。

9.1.2　检查样管规格。

9.1.3　检查样管检定证书，确认人工缺陷符合采购技术文件和标准要求。

9.1.4　见证校验过程，人工缺陷应能正常报警。

9.1.5　校验频率应符合标准要求。

9.1.6　见证无损检测过程，过程参数应符合工艺要求。

9.1.7　检查无损检测报警钢管的标记、处理与隔离。

9.2　管端无损检测。

9.2.1　见证校验过程，人工缺陷应符合采购技术文件和标准，且能够被识别。

9.2.2　校验频率应符合标准要求。

9.2.3　如进行管端手动超声检测，应检查探头型号是否符合无损检测工艺文件。

9.2.4　如进行管端荧光磁粉检测，应检查磁悬液浓度，黑光灯照度。

9.2.5　如进行管端黑磁粉检测，应检查磁悬液浓度及现场照明状况。

9.2.6　检查管端不可探长度内的钢管是否被完全覆盖。

9.2.7　见证无损检测过程。

9.2.8　检查制造厂对缺陷管的标记、处理与隔离。

9.3　接箍无损检测。

9.3.1　检查磁悬液浓度。

9.3.2　检查黑光灯照度。

9.3.3　检查试片型号及校验过程中的缺陷显示。

9.3.4　正常检测时，磁悬液应均匀喷淋并覆盖全部接箍外表面。

9.3.5　见证检测过程，缺陷显示应能被检测人员发现。

10　螺纹检验

10.1　螺纹参数检验。

10.1.1　审查螺纹量具和标准样块检定证书。

10.1.2　见证螺纹参数检验，包括锥度、螺距、齿高、紧密距、有效螺纹长度、接箍外径、接箍长度等，检验结果应符合采购技术文件和标准要求。

10.1.3　螺纹表面应光滑连续。

10.1.4　接箍镀层外观应均匀连续。

10.2　螺纹脂检验。

螺纹脂涂抹前螺纹表面应清洁干净，无水迹或切削液，螺纹脂应均匀涂抹，完整覆盖螺纹表面。螺纹脂应符合采购技术文或API RP 5A3要求。

10.3　拧接检验。

10.3.1　检查螺纹脂的符合性。

10.3.2　拧接前检查螺纹脂是否完整涂覆。

10.3.3　工厂端接箍上紧扭矩应符合API RP 5C1或采购技术文件要求。

10.3.4　拧接完成后，见证管端通径，拧接后通径检验应至少覆盖距套管接箍端0.6m的范围，距油管接箍端1.1m的范围，通径规尺寸检验按照8.3部分要求进行。

11　外购外协件

根据外购外协的产品类型（管体、接箍）按照第5部分要求审查材料试验报告，按照第8部分、第10部分要求复验尺寸和螺纹参数。

12　水压试验

12.1　每支钢管均应进行水压试验，试验压力和保压时间应符合采购技术文件和标准要求。

12.2 试验后应对钢管进行吹扫，钢管内表面应无明显的液体残留。

13 涂装与发运

13.1 涂装。

13.1.1 如储运环境为海上或者潮湿多雨型气候，制造厂应采取适当措施或者进行涂层防护。

13.1.2 涂装前，管体表面应无锈蚀、油污、水迹等影响涂层防腐及附着能力的污染物。

13.1.3 钢管涂层完全固化后，方可进行吊装运移。

13.2 标识。

13.2.1 钢级色标应符合采购技术文件和API 5CT要求。

13.2.2 标识内容和顺序应符合采购技术文件和API 5CT要求。包括API标记、制造厂标志、外径、壁厚、公称重量（磅/英尺或千克/米）、长度、净重、钢级、扣型、生产日期等。

13.3 防护。

13.3.1 完成加工的螺纹应装上外螺纹和内螺纹保护器。

13.3.2 螺纹保护器应能保护螺纹和管端避免在正常装卸和运输中受损。

13.3.3 螺纹保护器的螺纹形状应不损伤产品的螺纹。

13.4 存放。

成品管应堆放整齐，层间推荐使用垫木或其它软质材料间隔；吊装过程中应采用吊带方式进行起吊堆垛。

14 高含铬油管和套管驻厂监造主要质量控制点

14.1 文件见证点（R）：由监造人员对设备材料制造过程有关文件、记录或报告进行见证而预先设定的监造质量控制点。

14.2 现场见证点（W）：由监造人员对设备材料制造过程、工序、节点或结果进行现场见证而预先设定的监造质量控制点，且应包括相关文件见证点（R）质量控制内容。

14.3 停止点（H）：由监造人员见证并签认后才可转入下一个过程、工序或节点而预先设定的监造质量控制点，应包括相关现场见证点（W）和文件见证点（R）质量控制内容。

序号	零部件及工序名称	监造内容	文件见证（R）	现场见证（W）	停止点（H）
1	制造厂资质	API资质证书/其它资质证书	R		
2	人员资质	无损检测人员资质	R		
3	测量及监视设备校验	1. 量具、仪表校验证书审查	R		
		2. 无损检测设备校验证书审查	R		
4	原材料	1. 钢坯外观		W	
		2. 钢坯尺寸		W	
		3. 钢坯化学成分分析	R		
5	追溯性检验	1. 标记移植		W	
		2. 过程记录	R		
6	外购外协件	1. 质量证明书	R		
		2. 几何尺寸复验		W	
		3. 螺纹检验（如果适用）		W	
7	轧管检验	1. 轧管过程		W	
		2. 芯棒及辊道表面状态		W	
		3. 芯棒更换频率		W	
		4. 芯棒、导盘润滑		W	
		5. 轧管后外观		W	
		6. 轧管后尺寸		W	
8	热处理检验	1. 热处理过程		W	
		2. 热处理后外观		W	
9	理化试验	1. 管体及接箍料机械性能试验			H
		2. 管体及接箍料化学成分分析			H
10	过程防护	1. 辊道防护		W	
		2. 台架衬垫		W	

（续表）

序号	零部件及工序名称	监造内容	文件见证（R）	现场见证（W）	停止点（H）
11	表面处理检验	1. 喷砂介质检查		W	
		2. 喷砂后外观检查		W	
12	尺寸与外观	1. 管体尺寸检验		W	
		2. 接箍尺寸检验		W	
		3. 通径检验		W	
		4. 内外表面外观检验		W	
13	无损检测	1. 管体无损检测		W	
		2. 管端无损检测		W	
		3. 接箍无损检测		W	
14	通径检验	1. 通径规尺寸测量		W	
		2. 通径过程及覆盖长度		W	
15	螺纹检验	1. 单项参数检验		W	
		2. 紧密距检验		W	
		3. 螺纹外观检验		W	
		4. 接箍镀层外观检验		W	
16	拧接检验	1. 螺纹脂符合性及涂覆检验		W	
		2. 拧接扭矩		W	
		3. 管端通径		W	
17	水压试验	1. 保压压力检验		W	
		2. 保压时间检验		W	
		3. 试验后管内吹扫检验		W	
18	涂装检验	1. 表面处理		W	
		2. 涂层厚度		W	
		3. 涂层外观		W	
19	存放	1. 吊运方式		W	
		2. 堆放衬垫		W	

钻杆监造大纲

目　录

前　言

《钻杆监造大纲》是参照GB/T 1.1—2009《标准化工作导则　第1部分：标准的结构和编写》给出的规则起草。

本大纲由中国石油化工集团有限公司物资装备部提出。

本大纲为首次发布。

本大纲起草单位：陕西威能检验咨询有限公司。

本大纲起草人：赵峰、魏嵬、张平、李楠。

钻杆监造大纲

1 总则

1.1 内容和适用范围。

1.1.1 本大纲主要规定了采购单位（或使用单位）对钻杆制造过程监造的基本内容及要求，是委托驻厂监造的主要依据。

1.1.2 本大纲适用于石油、天然气工程钻杆制造过程监造，同类物资可参照使用。

1.1.3 本大纲中具体技术要求如与采购技术文件不一致时，原则上应以采购技术文件为准。

1.2 监造工作的基本要求。

1.2.1 监造人员要求。

1.2.1.1 监造人员应与所在监造单位有正式劳动合同关系。

1.2.1.2 监造人员应严格依据监造委托合同，履行监造职责，完成监造任务。

1.2.1.3 监造人员应持有不低于中国设备监理协会颁发的专业设备监理师资格证书，监造人员有二年（或以上）的监造业务经验，在相应专业岗位工作三年以上。

1.2.1.4 监造人员应熟悉监造物资的制造工艺，掌握制造过程中的质量技术要求和检验试验关键控制点。

1.2.1.5 监造人员在监造活动过程中应遵守有关保密约定和规定。

1.2.1.6 监造人员应遵守制造厂 HSSE 或安全生产管理制度的相关规定，严格执行劳保着装和安全防护要求。

1.2.2 监造工作程序。

1.2.2.1 监造人员在开始监造的10个工作日内，对制造厂的人员资质、生

产工艺、装备能力和质保体系运行情况进行检查和评估，并向委托方提供质量风险评估报告，明确风险等级（高、中、低、无）。

1.2.2.2 监造单位在收到采购技术文件后，10个工作日内编制完成《监造大纲》。

1.2.2.3 监造单位在获得设计相关图纸、制造工艺、质量控制计划、生产进度计划后，15日内编制完成《监造实施细则》。

1.2.2.4 监造人员应配备必要的用于平行检查且检定合格的检测器具。

1.2.2.5 监造人员应按委托方的通知或有关要求参加或组织召开预检验会议，与制造厂对接确定检验试验计划和质量控制点，并经委托方确认。

1.2.2.6 监造人员应组织制造厂质量、技术、生产及经营（项目管理）等相关部门召开监理周例会，通报监造工作情况，协调解决质量进度问题，结合生产进度计划安排后续监造工作，并形成会议纪要。

1.2.2.7 监造人员在监造实施过程中，如发现质量隐患、质量问题以及可能影响交货期的重大因素时，应及时报委托方，并以书面形式通知制造厂，要求制造厂采取有效措施予以整改，若制造厂延误或拒绝整改时，可责令其停工。

1.2.2.8 对于原材料、外购件以及外协加工、外协检测和外协检验试验等过程，监造人员应重点审查质量证明文件、外协单位资质、人员资质、工艺文件和检验试验报告等。并依据监造实施细则和检验试验计划中设置的监造访问点，实施质量控制。

1.2.2.9 实施监造的物资经现场监造人员确认符合标准规范和订单约定后按发货批次开具监造放行单，并报委托方。

1.2.2.10 全部监造工作完成后，应于30日内完成监造总结报告交付委托方。

1.3 监造单位应提交的文件资料。

1.3.1 目录（含页码）（必须）。

1.3.2 产品质量监造报告书（必须）。

1.3.3 监造工作总结（必须）。

1.3.4 监理大纲（必须）。

1.3.5　监造实施细则（必须）。

1.3.6　监造周报（必须）。

1.3.7　设计变更通知及往来函件（如有）。

1.3.8　监造工作联系单（如有）。

1.3.9　监造工程师通知单（如有）。

1.3.10　会议纪要（如有）。

1.3.11　监造放行单（必须）。

1.4　主要编制依据。

1.4.1　GB/T 26429 设备工程监理规范。

1.4.2　SY/T 5146 加重钻杆。

1.4.3　SY/T 5200 钻柱转换接头。

1.4.4　SY/T 6858.4 油井管无损检测方法　第 4 部分：钻杆焊缝超声检测。

1.4.5　SY/T 6509 方钻杆。

1.4.6　API SPEC 5DP 钻杆规范。

1.4.7　API 7–1 旋转钻柱构件规范。

1.4.8　API 7–2 旋转台肩式螺纹连接的加工和测量规范。

1.4.9　采购技术文件。

2　管端加厚

2.1　见证管坯的上料过程，核实坯料的炉号信息。

2.2　注意管端加热温度，根据相应的工艺卡执行。用红外测温仪测量加热温度，时刻注意管端加热温度的变化，做温度记录。

2.3　外观检验，钻杆管体的内 / 外加厚锥部区域的型面应光滑，内加厚结构应无可引起 90° 钩形工具挂住的任何锐角截面突变。

2.4　加厚端尺寸及偏差检查，应符合相关标准及技术协议要求。

3　工具接头和管体热处理

3.1　工具接头应在加工螺纹以前进行调质热处理。按照工厂热处理工艺，检查热处理过程中的各要素。

3.1.1　检查毛坯锻件信息，核对上料记录，保证追溯性。

3.1.2　查看热处理温度（淬火温度、回火温度），保温时间、冷却方式、热处理曲线等参数。

3.1.3　接头热处理进行炉批硬度检查（按炉或热处理批进行）。

3.2　钻杆管体加厚后进行调质热处理。按照工厂热处理工艺，检查热处理过程中的各要素。

3.2.1　检查管体信息，核对上料记录，保证追溯性。

3.2.2　查看热处理温度（淬火温度、回火温度），保温时间、冷却方式、热处理曲线等参数。

4　理化试验

本部分所涉及的试验项目应根据采购技术文件和标准要求进行适用，管体热处理后对管体进行理化性能试验；焊区性能试验在摩擦焊接热处理完成后进行。

4.1　取样频率、位置及方法。

4.1.1　检查试验取样频率。

4.1.2　见证试样取样过程，包括取样位置、方向、数量。

4.1.3　如果采用气割方式进行取样，制造厂应保证样块留有足够机加工余量，避免气割对试样的影响。

4.2　管体、接头化学成分分析。

4.2.1　检查试样追溯性标记。

4.2.2　检查试样表面加工处理。如进行光谱分析，应检查试块在设备中的安装情况，试验过程中不应存在漏气现象。

4.2.3　见证试验过程，审查试验报告。

4.3　管体、接头、焊区力学性能。

4.3.1　检查试样追溯性标记。

4.3.2　检查试样外观，如表面存在影响力学性能试验结果的缺陷应重新进行取样制样。

4.3.3　见证试验过程。

4.3.3.1　拉伸试验应检查加载速度，引伸计读数设置。

4.3.3.2　冲击试验应检查摆锤规格，空摆后指针归零是否准确。

4.3.3.3　焊区、接头全壁厚硬度试验应检查加载力设置、加载时间、试验位置。

4.3.3.4　焊区、接头外表面硬度试验应检查待测表面的清洁、打磨处理情况、试验位置。

4.3.3.5　焊区侧弯试验应检查试样最终弯曲程度，弯曲后焊区是否完全在试样的弯曲部分。

4.3.4　力学性能试验结果应符合采购技术文件和标准要求。

4.3.5　试验应在采购技术文件和标准要求的温度下进行。

5　无损检测

本部分所涉及的检测项目应根据采购技术文件和标准要求进行适用。焊区无损检测在焊后执行。

5.1　杆体、焊区的超声、电磁检测。

5.1.1　如采用超声方法，应检查探头的类型、数量、晶片尺寸。

5.1.2　如采用电磁方法，应检查探头的覆盖范围。

5.1.3　检查对比标样的人工缺陷及标定有效期。对比标样应符采购技术文件和标准要求。

5.1.4　见证检测设备校验过程，标样上的人工缺陷均应被检出。

5.1.5　检查标记系统及声光报警系统的工作状况。

5.1.6　检查设备校验频率。

5.1.7　检查检测过程的参数设置，正常检测过程参数设置应符合校验过程中参数设置及标准要求。

5.2　杆端、焊区磁粉检测。

5.2.1　依据采购技术协议和标准检查磁粉检测的类型。

5.2.2　检查磁悬液浓度。

5.2.3　检查校验试片的类型、规格。

5.2.4　见证校验过程，检查试片上人工缺陷的显示。

5.2.5　检查磁粉检测过程的参数设置，正常检测过程参数设置应符合校验过程中参数设置及标准要求。

6　摩擦焊检验

6.1　焊接工艺评定审核。

6.1.1　焊接前审查工厂摩擦焊焊接工艺文件，包括焊后热处理（WPS和PQR）PQR，至少应包括把钻杆接头焊接到钻杆管体上的所用的变量数据和验证从试验焊缝切取的试样上试验的所有力学试验结果。此外制造商应进行焊缝的宏观结构检查，以验证焊缝完全结合、并无裂纹。

6.1.2　审核制造商按照操作人员使用的每一个WPS的具体WPQ评定焊机和焊接操作人员。

6.2　外观检验。

6.2.1　管端内外表面均应进行外观检验。

6.2.2　外观检验时，表面光照条件应达到最低500lx，管端内表面应使用手电照明进行。

6.3　焊前检验。

6.3.1　检查管端外径。

6.3.2　检查管端内径。

6.3.3　检查管端焊前外观。

6.4　焊后检验。

6.4.1　检查接头与管体的同轴度。

6.4.2　对内外焊缝进行外观检查，内焊缝应无可引起90°钩形工具挂住的任何锐角截面突变。

6.5　焊区热处理。

6.5.1　见证钻杆杆体体和接头焊后的焊区热处理。检查保温温度、保温时间、冷却方式，审查热处理报告。

6.5.2　对钻杆焊区内外表面进行外观检验。

6.6　焊区力学性能试验。

对采购技术文件和标准规定的试验项目，按照第3部分要求进行焊区力学性能试验。

6.7　焊区无损检测。

依据采购技术文件和标准规定的方法和灵敏度，按照第4部分的程序进行。

6.8　通径检验。

6.8.1　测量通径规尺寸，通径检验应使用圆柱形通径规，每班操作前应检查通径规的外径、长度及外表面质量，外径检测应包括通径规头部、中部和尾部，结果应符合采购技术文件和标准要求。

6.8.2　见证通径检验，通径规应贯穿钻杆接头和加厚区。

7　外购外协件

根据外购外协的产品类型，即杆体或钻杆接头（以下简称“接头”），按照第2部分要求审查材料试验报告，按照第8部分、第9部分要求复验尺寸、螺纹参数。

8　尺寸检验

8.1　检查钻杆外径、壁厚、直度、接头外径、公接头内径、接头长度、大钳长度、焊颈直径等尺寸。

8.2　检查方钻杆壁厚、直度、接头外径、公接头内径、接头长度、驱动部分长度、对边宽、对角宽、半径、偏心孔壁厚。

9　螺纹检验

9.1　检查内、外螺纹台肩面及螺纹工作表面，螺纹不应有毛刺、裂纹、凹痕、振纹、划伤等损害连接密封性的缺陷。

9.2　检查紧密距、锥度、螺距、齿高、锥部长度、倒角直径。

10　耐磨带检验（如有）

根据客户采购技术文件要求，如钻杆、加重钻杆等产品需要焊接耐磨带，对耐磨带焊接和检验，一般使用耐磨带焊丝厂家生产检验标准。

11　涂装与发运

11.1　涂装。

11.1.1　杆体内外表面不应存在疏松或易脱落的氧化皮。

11.1.2　除非采购技术文件另有规定，否则管子应有外涂层，以防运输中生锈。

11.1.3　涂装前，表面应无锈蚀、油污、水迹等影响涂层防腐及附着能力的污染物。

11.2　标识。

11.2.1　制造厂名称或厂标应用钢模打印的方法进行标记，当采购技术文件另有协议时，也可用漆印标记。标识内容应符合采购技术文件要求。

11.2.2　当采购技术文件另有特殊规定时，喷印顺序按采购技术文件规定执行。

11.3　防护。

11.3.1　螺纹接头应装上外螺纹和内螺纹保护器。

11.3.2　螺纹保护器应能保护螺纹和管端避免在正常装卸和运输中受损。

11.3.3　螺纹保护器的螺纹形状应不损伤产品的螺纹。

11.4　存放。

11.4.1　成品钻杆应堆放整齐，层间推荐使用垫木或其它软质材料间隔。

11.4.2　吊装过程中应采用软质吊带进行起吊堆垛，严禁使用裸露钢丝绳。

11.4.3　运输过程中钻杆应按照堆放要求，在层间使用垫木或其它软质材料间隔，并在钻杆垛两侧安装垫木或软质材料使钻杆与运输箱体间隔开，各层钻杆两侧应使用固定措施防止钻杆水平方向的移动。

12 钻杆驻厂监造主要质量控制点

12.1 文件见证点（R）：由监造人员对设备材料制造过程有关文件、记录或报告进行见证而预先设定的监造质量控制点。

12.2 现场见证点（W）：由监造人员对设备材料制造过程、工序、节点或结果进行现场见证而预先设定的监造质量控制点，且应包括相关文件见证点（R）质量控制内容。

12.3 停止点（H）：由监造人员见证并签认后才可转入下一个过程、工序或节点而预先设定的监造质量控制点，应包括相关现场见证点（W）和文件见证点（R）质量控制内容。

序号	零部件及工序名称	监造内容	文件见证（R）	现场见证（W）	停止点（H）
1	制造厂资质	API资质证书/其它资质证书	R		
2	人员资质	无损检测人员资质	R		
3	测量及监视设备校验	1. 量具、仪表校验证书审查	R		
		2. 无损检测设备校验证书审查	R		
4	外购外协件	1. 质量证明书	R		
		2. 尺寸复验		W	
		3. 螺纹检验		W	
5	追溯性检验	1. 标记移植		W	
		2. 过程记录	R		
6	管端加厚	1. 坯料信息核对		W	
		2. 加热温度核对		W	
		3. 外观质量检查		W	
		4. 尺寸及偏差检查		W	
7	工具接头和管体热处理	1. 工具接头螺纹加工前调质处理		W	
		2. 螺杆管体加厚以后调质处理		W	
8	理化试验	1. 取样频率、位置及方法		W	
		2. 管体、接头化学成分分析			H
		3. 管体、接头力学性能			H

（续表）

序号	零部件及工序名称	监造内容	文件见证（R）	现场见证（W）	停止点（H）
9	无损检测	1. 杆体超声、电磁检测		W	
		2. 杆端磁粉检测		W	
10	摩擦焊检验	1. 焊接工艺评定审核	R		
		2. 焊前管端检验		W	
		3. 焊后热处理检验		W	
		4. 焊区外观检验		W	
		5. 焊区表面硬度试验		W	
		6. 焊区冲击试验			H
		7. 焊区全壁厚硬度试验			H
		8. 焊区侧弯试验			H
		9. 焊区无损检测		W	
11	通径检验	1. 通径规尺寸测量		W	
		2. 通径过程及覆盖长度		W	
12	尺寸检验	1. 杆体、焊区尺寸		W	
		2. 接头尺寸		W	
13	螺纹检验	1. 螺纹参数检验		W	
		2. 螺纹外观		W	
		3. 螺纹脂符合性及涂覆检验		W	
14	耐磨带检验	耐磨带焊接及检验按照焊丝厂家标准检验		W	
15	涂装检验	1. 表面处理		W	
		2. 涂层厚度		W	
		3. 涂层外观		W	
16	存放	1. 吊运方式		W	
		2. 堆放衬垫		W